高等职业教育汽车类专业校企合作"互联网+"创新型教材

智能网联汽车技术专业

单片机控制技术

——基于 Arduino 平台的项目式教程

陈纪钦　谢智阳　周旭华　编著

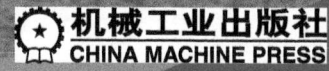

机械工业出版社

CHINA MACHINE PRESS

本书选用了入门简单、应用广泛的开源平台 Arduino 作为单片机控制技术课程的教学载体，从图形化编程，逐步过渡到简单文本代码的编写，最后通过两个综合性示例拓展了单片机控制技术的实际应用。

本书主要内容包括 Arduino 平台的认识、图形化编程入门、Arduino 文本编程入门、Arduino 的输入与输出、Arduino 编程语言进阶、串行通信的实现、泊车辅助系统的设计和车载空调智能通风系统的设计。为了强化学习效果，本书还配有活页式任务工单。

学习本书内容，不需要预先学习 C 语言基础类课程，可以直接按照书中示例项目进行编程实操训练，可在实现项目控制效果的过程中掌握编程语言的基本结构和应用规律。

本书主要供职业教育智能网联汽车技术专业、汽车智能技术专业作为教材使用，也可作为职业教育领域其他专业单片机控制技术课程或编程语言入门课程的教材。

为了方便教学，本书配有电子课件、示例程序源文件等教学资源。运行效果视频可扫描书中二维码观看，授课教师可登录机工教育服务网（www.cmpedu.com），以教师身份注册后免费下载，或来电咨询（010-88379375）。

图书在版编目（CIP）数据

单片机控制技术：基于 Arduino 平台的项目式教程/陈纪钦，谢智阳，周旭华编著. —北京：机械工业出版社，2021.1（2024.8 重印）
高等职业教育汽车类专业校企合作"互联网+"创新型教材
ISBN 978-7-111-67263-0

Ⅰ.①单… Ⅱ.①陈… ②谢… ③周… Ⅲ.①单片微型计算机-计算机控制-高等职业教育-教材 Ⅳ.①TP368.1

中国版本图书馆 CIP 数据核字（2021）第 003335 号

机械工业出版社（北京市百万庄大街 22 号　邮政编码 100037）
策划编辑：蓝伙金　责任编辑：蓝伙金　张双国　葛晓慧
责任校对：潘　蕊　封面设计：严娅萍
责任印制：单爱军
北京虎彩文化传播有限公司印刷
2024 年 8 月第 1 版第 9 次印刷
184mm×260mm · 10.5 印张 · 256 千字
标准书号：ISBN 978-7-111-67263-0
定价：49.80 元

电话服务　　　　　　　　　网络服务
客服电话：010-88361066　　机　工　官　网：www.cmpbook.com
　　　　　010-88379833　　机　工　官　博：weibo.com/cmp1952
　　　　　010-68326294　　金　书　网：www.golden-book.com
封底无防伪标均为盗版　　机工教育服务网：www.cmpedu.com

2020 年 2 月，国家发展改革委等 11 部委联合印发《智能汽车创新发展战略》，其中指出"智能汽车已成为全球汽车产业发展的战略方向"。伴随着以人工智能及新一代信息通信技术为代表的新一轮科技革命进程，汽车作为新技术集成应用的最佳载体之一，这几年一直在加速向智能化转型。国务院在 2017 年 7 月发布的《新一代人工智能发展规划》中就已经明确提出自动驾驶汽车技术是人工智能技术的一个重要应用领域。

智能汽车是涉及汽车、电子信息、交通、通信等多个技术领域的新型产业，而高职教育中汽车智能技术专业的课程体系也必然需要融合多学科的专业知识和技能。

"单片机控制技术"是电子信息类技术专业、智能网联汽车技术专业、汽车智能技术专业的专业核心课程。当前职业教育领域单片机控制技术课程的教学载体主要是 51 系列或 STM32 系列单片机。这些单片机虽然有一定的产业实际应用，但对于大部分高职学生而言，入门难度较大，很容易失去学习兴趣。

Arduino 平台拥有多种图形化编程工具，大大降低了学习编程控制的入门门槛；Arduino 文本编程语言也将很多单片机底层的控制语句进行了二次封装，让学习者聚焦程序的控制逻辑本身，短期学习后即可进行项目开发；Arduino 平台拥有大量开源代码和扩展硬件，可让项目开发过程更有趣、更快速。本书引入 Arduino 平台作为项目式教学的载体，目的是让学生在完成项目的过程中感受编程控制的乐趣，为后续编程类课程的学习启蒙。

本书融入了编者近些年课堂教学、技能大赛指导和社会科技服务的经验，具有以下特点：

1. 不需要预先学习 C 语言编程基础，而是让学生在重现本书示例项目效果或完成任务工单的过程中掌握编程语言的基本结构和应用规律。

2. 从图形化编程，逐步过渡到文本代码的编写，并介绍丰富的 Arduino 库资源以满足进一步的编程控制需求。

3. 示例项目是为了实现某种硬件控制效果而设计的，所以为了达到更佳的教学效果，教学过程中可以配合相应的硬件设备开

展项目实践。

4. 党的二十大报告指出:"推进教育数字化,建设全民终身学习的学习型社会、学习型大国。"本书深入贯彻落实教育数字化的理念,打造"互联网+"创新型教材,本书配套了示例程序源文件、电子课件等教学资源,运行效果视频可扫书中二维码观看,实现线上、线下相结合的教学模式。

本书在编写过程中得到了广州通达汽车电气股份有限公司、广东雅达电子股份有限公司、行云新能科技(深圳)有限公司等企业的支持,上述企业为本书项目设计提供了一些非常有益的参考资料和实训套件。

本书中的大部分电路连接示意图为了便于学生理解和实践,未完全按相关国家标准进行绘制。

本书由陈纪钦、谢智阳、周旭华编著,项目 1 和项目 2 由周旭华编写,项目 3 和项目 4 由谢智阳编写,项目 5 ~ 项目 8 由陈纪钦编写。

限于作者水平,书中难免有不足之处,敬请读者批评指正,以便修订时改进。如果读者在使用本书的过程中有宝贵的意见或建议,恳请联系我们(电子邮箱:2200030@ qq. com)。

编　者

目 录

项目 1

Arduino 平台的认识

1.1 Arduino 的使用场景广泛

1.1.1 被创客广泛接受并使用

创客（Maker）是指那些源于兴趣和爱好，努力把各种创意转变为现实的人。Arduino因为其简单易上手、配套资源丰富等优势成为创客圈控制平台的首选。全球创客使用Arduino制作了各种好玩有趣的项目，例如使用 Arduino Mega 2560 制作的3D打印机（图1-1）、使用 Arduino Mini 制作的四轴飞行器（图1-2）、使用 Arduino UNO 制作的光电八音盒（图1-3）等。

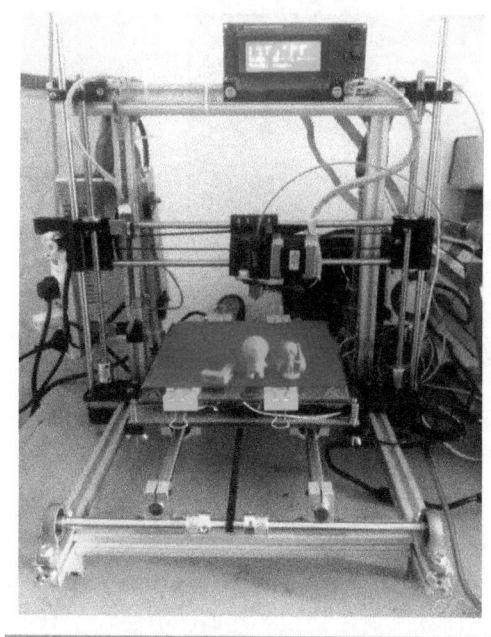

图1-1　3D打印机

图1-2　四轴飞行器

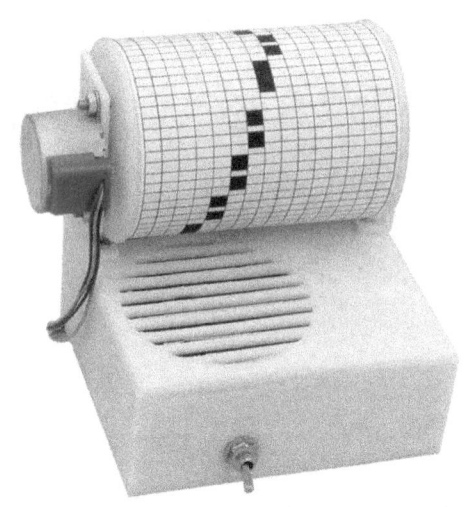

图 1-3　光电八音盒

1.1.2　能快速进行原型设计

Arduino 经常被用于一些小批量、定制化产品作为主控制器，例如广告公司为某瓶装水厂商设计的业务洽谈桌，要求每次按下按钮，桌底自动将一瓶水送到桌面（图 1-4）。

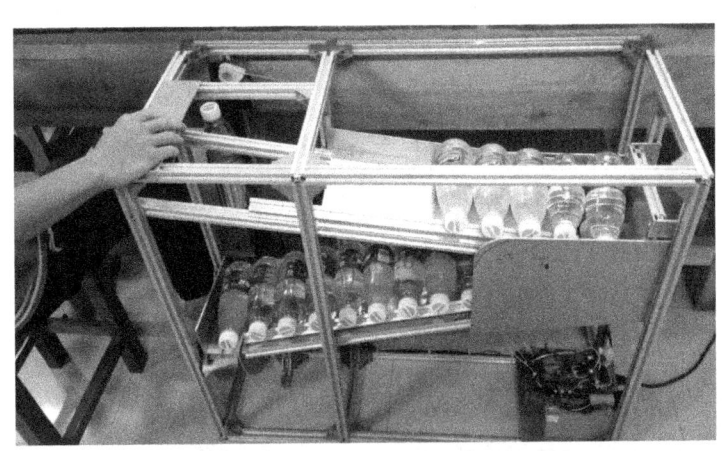

图 1-4　瓶装水出水机构

该装置采集送水按钮、3 个举升位置状态、托板空/满状态等传感器信号，并通过 Arduino UNO 预设程序控制两个继电器的通断，进而控制举升电动机的正、反转，最终实现项目需求。

1.1.3　在 STEM 教育中被推广使用

20 世纪 80 年代，美国提出 STEM（Science、Technology、Engineering、Mathematics，科学、技术、工程、数学）教育理念并发展成为国家战略。STEM 强调了知识的获取、方法与工具的应用、创新生产的过程。Arduino 编程语言简洁，且支持多种图形化编程工具，是青少年 STEM 教育的极佳载体。图 1-5 所示为青少年 STEM 教育常用的教学载体——Arduino 智能风扇。

图1-5　Arduino 智能风扇

1.2　Arduino 的特性及其由来

1.2.1　Arduino 为什么能得到广泛应用？

Arduino 是一个简单易学且功能丰富的开源平台，包含硬件部分（各种型号的 Arduino 开发板）、软件部分（Arduino IDE）以及广大爱好者和专业人员共同搭建和维护的互联网社区和资源。之所以能在前面介绍的那些领域得到广泛的应用，与其以下几个特性分不开。

1. 拥有多种图形化编程工具

直接学习 Arduino 文本编程，对于很多没有编程基础的人来说并不是一件容易的事情。图形化编程工具可以让初学者初步培养良好的编程逻辑思维习惯。目前使用比较多的图形化编程工具有 Ardublock、基于 Scratch 的 S4A（Scratch for Arduino）以及北师大团队发布的 Mixly（米思齐）。

2. 文本代码简单清晰

Arduino IDE 基于 Processing IDE 开发，对于初学者来说极易掌握，同时还有着足够的灵活性。Arduino 语言基于 Wiring 语言，是对 AVR-GCC 库的二次封装，不需要太多的单片机基础、编程基础。因此只需要通过简单的学习，就可以完成一些比较有趣的编程控制实验。

3. 拥有大量开源代码和扩展硬件

Arduino 是全球较出名的开源平台，其开源属性吸引了众多开发者和用户的参与。因此可以很方便地通过各类网站找到丰富的开源代码以及成熟的扩展硬件，保证了初学者能快速、简单地完成各种 Arduino 控制任务。

正是因为前面介绍的这些特性，短短数年间，Arduino 积累了大量的用户，被广泛应用于各种领域，推动、促进了许多优秀开源项目的诞生。

1.2.2 Arduino 的由来

"Arduino" 据传源于大约一千年前某个意大利国王的名字。Massimo Banzi 和 David Cuartielles 以及 David Mellis 等人为了解决当时市场上难以找到便宜好用的单片机模块的问题而创设了 Arduino 开源平台。

为了保持开放理念，Arduino 官方团队决定采用 Creative Commons（CC）许可。在 CC 许可下，任何人都被允许生产和销售 Arduino 开发板的复制品，而不需要向 Arduino 官方支付版税，甚至不用取得 Arduino 官方的许可，只需要说明 Arduino 团队的贡献以及保留 Arduino 这个名字。因此在网上有两种开发板，一种是 Arduino 官方出品的官方板（板上印刷有 "AR-DUINO" 字样），另一种是其他厂商使用 Arduino 团队的设计所制作和销售的复制板（板上没有印刷 "ARDUINO" 字样），如图 1-6 所示。

a) 官方板　　　　　　　　　　　　　b) 复制板

图 1-6　官方板与复制板

1.3　Arduino 的硬件类别

1.3.1　常见的 Arduino 控制器

1. Arduino UNO

Arduino UNO 是使用最广泛的 Arduino 控制器，其实物如图 1-7 所示。它功能完备、价格低廉、使用便利，最适合初学者选择。本书后续内容的实验大多都是基于 Arduino UNO 进行。

2. Arduino MEGA 2560

相对于 Arduino UNO 只有 14 路数字输入/输出（I/O）接口，Arduino MEGA 2560 提供了多达 54 路的数字输入/输出

图 1-7　Arduino UNO 控制板

接口。此外，Arduino MEGA 2560 的模拟输入接口多达 16 路，具有 PWM 输出功能的接口增至 16 路，UART 接口增至 4 路，外部中断增至 6 路，其实物如图 1-8 所示。

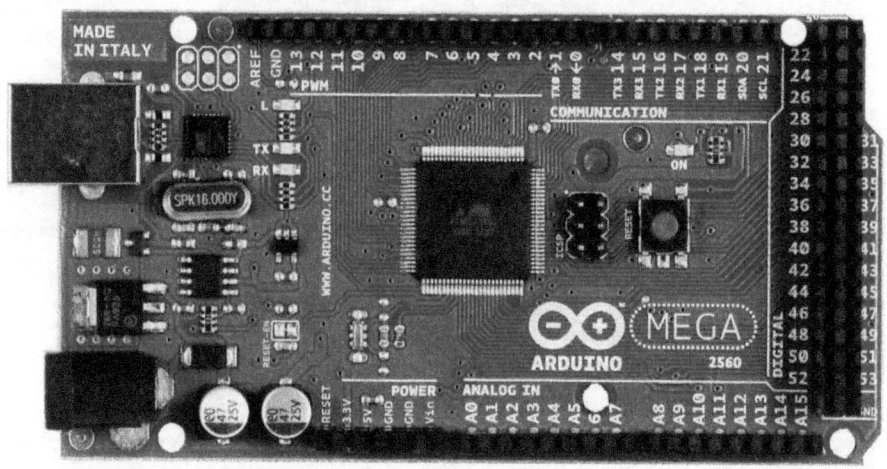

图 1-8 Arduino MEGA 2560 控制板

3. 微型化 Arduino

微型化 Arduino 主要应用于一些对控制器外形尺寸要求严格的场合，常见的有 Arduino Nano、Arduino Mini 和 Arduino Lilypad 等版本，其外形如图 1-9 所示。因为受外形尺寸限制，有些控制器甚至没有自带 USB 转串口模块（如 Arduino Mini 和 Arduino Lilypad），上传程序需要借助外部模块来完成。

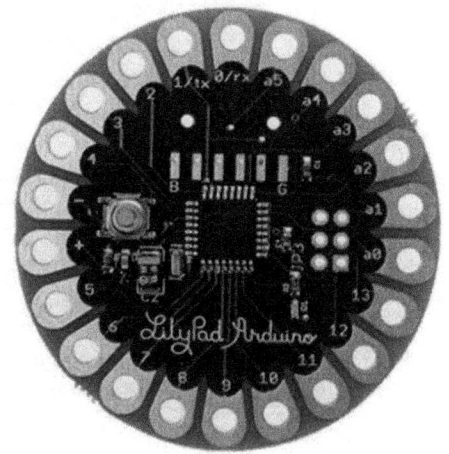

a) Arduino Nano   b) Arduino Mini   c) Arduino Lilypad

图 1-9 微型化的 Arduino 控制板

4. Arduino 101/Genuino 101

Arduino 101/Genuino 101 是一个性能出色的低功耗开发板，基于 Intel ® Curie™模组、性价比高、使用简单，其外形如图 1-10 所示。

图 1-10　Genuino 101 控制板

Genuino 101 与 Arduino UNO 一样带有 14 路 I/O 接口，6 路模拟输入接口，1 路用作串口通信和上传程序的 USB 接口。此外，还额外增加了 Bluetooth LE 和 6 轴加速计、陀螺仪，可以让使用者轻松实现功能丰富的创意。

5. Arduino DUE

Arduino DUE 与大多数使用 8 位 AVR 芯片的 Arduino 控制板不同，它采用了 32 位的 ARM Cortex-M3 作为主控芯片，其外形与 Arduino MEGA 2560 相似，如图 1-11 所示。

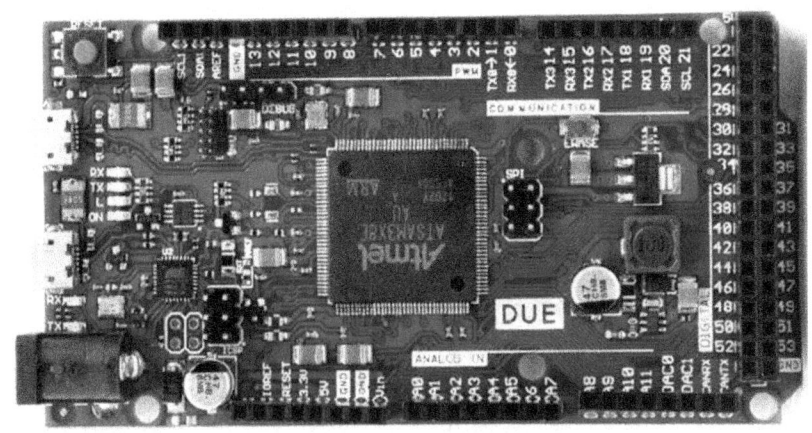

图 1-11　Arduino DUE 控制板

需要注意的是，Arduino DUE 的工作电压为 3.3V，切勿超压使用。

1.3.2　常用的扩展硬件

1. 通用的电子模块

可以与 Arduino 连接实现功能扩展的电子模块可以分为传感器类和执行器类。传感器类包含开关模块（按钮开关和可调电阻等）、环境感知模块（温/湿度传感器、光传感器、麦克风、超声波测距传感器等）、电磁感知模块（霍尔传感器等）和通信模块（蓝牙、Wi-Fi、红外传

感器等）等，如图 1-12 所示。

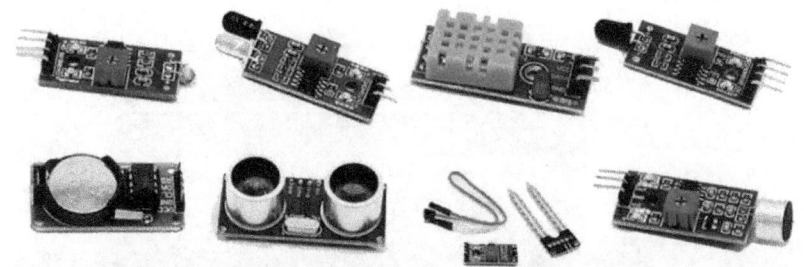

图 1-12　传感器类模块

执行器类包含：电动机（直流电动机、舵机、步进电动机等）、发光设备（LED 等）、显示屏幕模块（黑白屏、彩屏、触摸屏等）、发声设备（蜂鸣器、喇叭等）和驱动模块（继电器、L298N 芯片等）等，如图 1-13 所示。

图 1-13　执行器类模块

2. 堆叠插接的扩展板

很多第三方公司或个人为 Arduino 设计了可以直接堆叠插接的扩展板，每块扩展板具有单种或多种特定功能。这些扩展板通常支持多块板堆叠插接，以达到扩展多个功能的目的，如图 1-14 所示。

图 1-14　支持堆叠插接的 Arduino 扩展板

1.3.3　深入了解 Arduino UNO

Arduino UNO 是使用最广泛的 Arduino 控制板，也是初学者入门学习的最佳选择，目前常用版本为 UNO R3，其主要组成如图 1-15 所示。

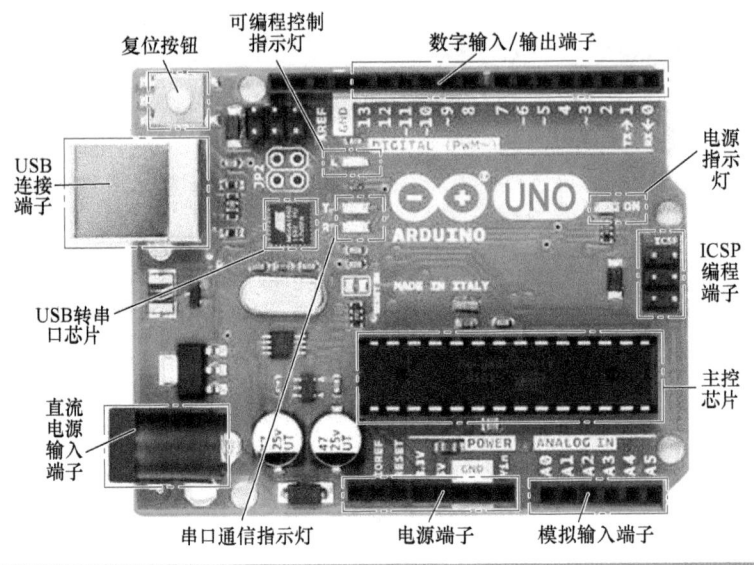

图 1-15　Arduino UNO 控制板主要组成

1. 电源输入方式

Arduino UNO 电源输入方式主要有以下 3 种：

（1）通过 USB 连接端子（方形口）供电，电压为 5V。

（2）通过直流电源输入端子供电，电压要求为 7~12V（因为从这个端子输入电源会经过板载稳压芯片降压后给控制板供电）。

（3）通过电源端子直接供电，如果是标注为"5V"的端子，供电电压必须是 5V；如果标注为"VIN"的端子，供电电压可以是 7~12V（因为该端子供电会先经过板载稳压芯片降压）。

2. 板载指示灯

Arduino UNO 控制板通常自带 4 个 LED 指示灯，分别具有不同指示意义。

（1）电源指示灯，符号通常为"ON"，当 Arduino 控制板通电时，该指示灯亮。

（2）串口通信指示灯，符号通常为"TX"和"RX"，其中 TX 表示串口发送指令，RX 表示串口接收指令，上传程序过程中或激活串口通信功能时这两个指示灯会闪烁指示。

（3）可编程控制指示灯，符号通常为"L"，该指示灯通过控制板内部电路与 Arduino 端子 13 相连，当编程控制端子 13 为高电位时，该指示灯亮；当编程控制端子 13 为低电位时，该指示灯熄灭。通常使用该指示灯辅助检查控制板是否可以正常工作。

3. 输入/输出端子

（1）模拟输入端子，符号标注"A0"~"A5"的 6 个端子为控制板的模拟输入端子。这些输入端子具有 10 位的分辨率（即可将输入值转换成 $2^{10}=1024$ 个值），默认输入信号范围是 0~5V。特殊情况下可以将这些端子定义为数字输出端子，端子号为 14~19。

（2）数字输入/输出端子，符号标注为"0"~"13"，共 14 个端子，这些端子可以通过程序灵活定义为输入模式或输出模式。当设置为输入模式时，端子电压被外部下拉后，获取

输入值为 0；端子电压被外部上拉后，获取输入值为 1。当设置为输出模式时，控制端子输出状态为 1 时，端子电位状态为 5V；控制端子输出状态为 0 时，端子电位状态为 0V。

（3）串口通信端子，符号标注为"0"和"1"的数字输入/输出端子，同时具备串口通信功能。这两个端子通过控制板内部电路与"USB 转串口芯片"相连，用于计算机向板载主控芯片上传程序、发送串口监视数据或与其他设备进行串口通信。

（4）外部中断端子，符号标注为"2"和"3"的数字输入/输出端子，同时具备外部中断功能。

（5）PWM 输出端子，符号标注为"3""5""6""9""10"和"11"的数字输入/输出端子，同时具备 PWM 输出功能。这些端子输出精度为 8 位，即输出范围可达 2^8 共 256 个值。

（6）SPI 通信端子，符号标注为"10""11""12"和"13"的数字输入/输出端子，可以被用于 SPI 通信。其中，端子"10"对应"SS"；端子"11"对应"MOSI"；端子"12"对应"MISO"；端子"13"对应"SCK"。

（7）TWI 通信端子，符号标注为"A4"和"A5"的模拟输入端子，同时可被用于 TWI 通信（兼容 IIC 通信）。其中，端子"A4"对应"SDA"；端子"A5"对应"SCL"。

4. 其他端子

（1）AREF 端子，通常位于数字输入/输出端子同一列，为模拟输入信号提供参考电压。

（2）ICSP 编程端子，对应有"VCC""MISO""MOSI""SCK""GND"和"RESET"，可以与专用的单片机烧写器连接，利用串行接口给芯片烧写程序用，适合高阶单片机学习者。通常可以利用这些端子实现 SPI 通信功能。

5. 重启功能

（1）按下"复位按钮"，可以重启 Arduino，实现让控制程序从头开始运行。

（2）将端子"RESET"（通常位于电源端子处）连接"GND"，同样可以重启 Arduino。

6. 安装 USB 转串口芯片的驱动程序

（1）如果购买的是官方板（Arduino UNO R3），其 USB 转串口芯片的型号为"ATMEL MEGA 16U2"（正方形，如图 1-16 所示），只需按要求安装相应的编程环境，系统会自动安装驱动程序，安装完毕后会在【设备管理器】界面显示对应的串口编号，如图 1-17 所示。

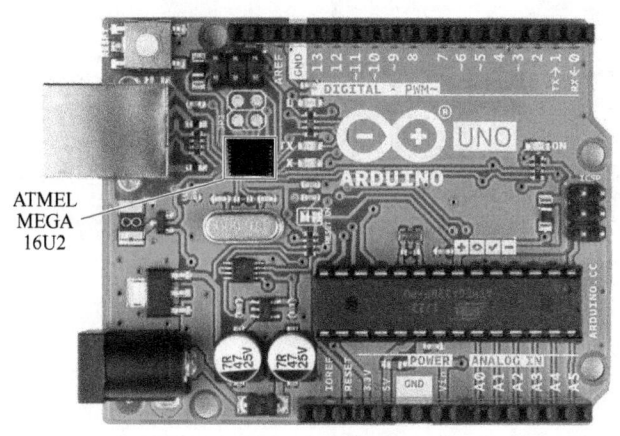

图 1-16　ATMEL MEGA 16U2 芯片

（2）如果购买的是国内电子商务网站常见的复制板，其 USB 转串口芯片的型号是"CH340/CH341"（长方形，如图 1-18 所示），需要上网自行下载"CH341SER. ZIP"，解压缩后获得一个可执行文件"CH341SER. EXE"和一个文件夹"DRIVER"。双击可执行文件并单击"安装"后即可自行安装。

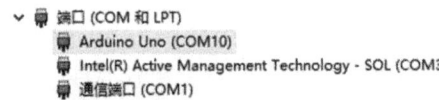

图 1-17　ATMEL MEGA 16U2 芯片对应串口编号（COM10）

如果出现图 1-19 所示的提示窗，说明驱动安装成功。驱动安装成功后，同样可以在【设备管理器】界面找到对应的串口号，如图 1-20 所示。

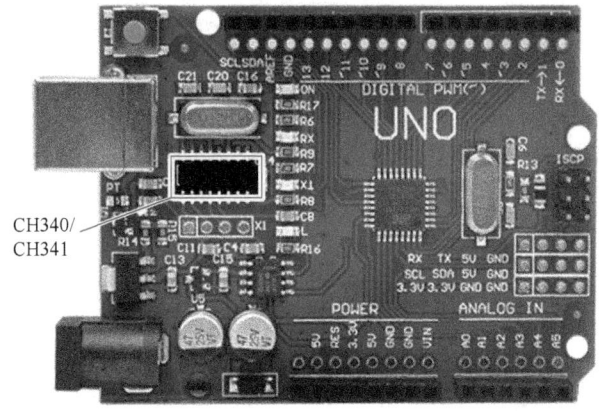

图 1-18　CH340/CH341 芯片

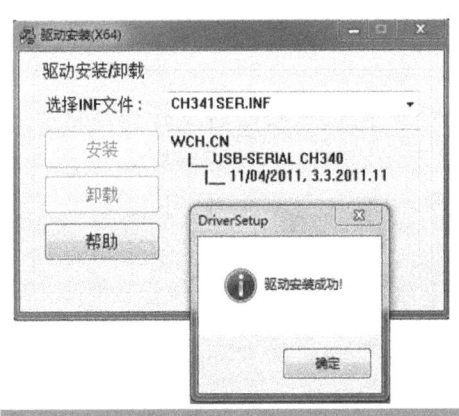

图 1-19　驱动成功安装信息提示

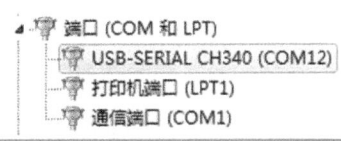

图 1-20　CH340/CH341 芯片对应串口编号（COM12）

项目 2

图形化编程入门

2017 年 10 月，习近平总书记在党的十九大报告中明确提出"在本世纪中叶建成富强民主文明和谐美丽的社会主义现代化强国"这一目标。

现阶段，我国在很多领域已经做到了全世界规模最大，但却不是最强，建设社会主义现代化强国任重道远。比如我国连续多年保持新能源汽车产销量全球第一，但驱动控制、能量回收等诸多核心技术却仍受制于他人。

建设社会主义现代化强国离不开我们每一个人的努力，虽然我们不一定每个人都能参与核心技术的研发，但学习编程控制技术能帮助我们更好地理解自动驾驶汽车等智能产品的控制逻辑。本项目使用北京师范大学傅骞教授团队开发的软件——米思齐来完成图形化编程的入门学习。

2.1 认识米思齐（Mixly）

图形化编程是将可执行的语言组合成模块组，一个指令是一个条块，不用接触语言，对条块进行组合和编辑就可以实现编程，能很好地帮助初学者培养编程逻辑思维。

能够进行 Arduino 图形化编程的主要开源软件有 AdruBlock、Scratch For Arduino 和米思齐（Mixly）等。本书推荐使用 Mixly 软件进行图形化编程学习。Mixly 是一个免费、开源的图形化编程系统，它具有以下特点。

1. 安装便利

Mixly 在设计上做到了绿色使用。用户直接从网上下载 Mixly 软件安装包，解压后即可在 Windows XP 及以上版本的操作系统运行。软件无需额外安装浏览器，也不用安装 Java 运行环境，使用非常方便。

2. 使用简单

Mixly 采用了 Blockly 图形化编程引擎，使用图形化的积木块代替了复杂的代码编写，为学生的快速入门奠定了良好的基础。此外，Mixly 使用了不同颜色的示意图标代表不同类型的功能块，方便用户归类区分；在复合功能块中提供默认选项，有效减少用户的拖动次数；在同一个界面整合软件的所有功能，学习使用非常简单。

3. 功能完备

Mixly 在功能的设计上力求和 Arduino IDE 的文本编程保持一致，Mixly 0.96 以后的版本都已经实现了 Arduino 所有官方功能（包括中断处理），并加入了大量的第三方扩展库功能，如红外遥控、超声波等，可以保证基本的功能使用需求。

4. 普适性极好

Mixly 在设计上考虑了普适性。首先，对 Arduino 官方支持的所有开发板，Mixly 都提供了支持，它会根据开发板的类型自动改变模块中的引脚号、中断号、模拟输出引脚等；其次，对 Arduino 支持的第三方开发板，用户只要把相应开发板的定义复制到米思齐中，依然可以得到支持，如国内常见的 ESP8266 开发板、各类用户修改后的开发板等，从而保证了用户在开发板选择上的自由度。

5. 为进阶学习文本编程奠定基础

Mixly 图形化编程系统的目标不是替换原有的文本编程方式，而是希望学生通过图形化编程更好更快地理解编程的原理和程序的思维，并为未来的文本编程打好基础。Mixly 在软件的设计上加入了更多的可延续性内容，包括引入变量类型、在模块的设计上尽量保持和文本编程的一致、支持图形编程和文本编程的对照等。

2.2 软件获取与编程准备

可以从 Mixly 官网（爱上米思齐，http://mixly.org）找到【软件平台】栏目，如图 2-1 所示。

图 2-1　爱上米思齐网站

　　根据自己使用的计算机操作系统选择合适的软件版本（Windows 或 Mac）进行下载，下载完成后将得到一个压缩包（本书编写时，最新版为 Mixly0.999，所以下载得到的文件为【Mixly0.999_WIN.zip】或【Mixly0.999_MAC.zip】）。本书后续内容将以基于 Windows 系统的 Mixly 软件为例进行讲解。

　　将下载得到的压缩包进行解压缩后，可以免安装直接使用。进入解压缩后得到的文件夹，双击可执行文件"Mixly.exe"（图 2-2）即可打开 Mixly 软件。

图 2-2　Mixly 图标

　　Mixly 的主界面由左上的模块选择区、右上的程序构建区、中部的系统功能区和下部的消息提示区构成（图 2-3）。

图 2-3　Mixly 的主界面

　　在进行正式编程前，在【系统功能区】选择所使用的 Arduino 控制板型号，以及通信串口编号。例如，本书案例一般采用 Arduino UNO 控制板，则选择"Arduino/Genuino UNO"。串口编号的选择需要查看 Windows 操作系统中的设备管理器，找到 Arduino 控制板对应的串口号（具体方法见项目 1 的 1.3.3）。

2.3　控制发光二极管的亮与灭

　　出厂时的 Arduino UNO 控制板通常都预装了一个可以使板载可编程控制指示灯（即标注为"L"的指示灯，位置如图 2-4 所示）闪烁的程序。只要将开发板用 USB 连接线与计算机的 USB 接口相连，此灯就会开始闪烁。某些复制板的板载"L"灯是常亮或常灭。

图 2-4 板载"L"灯的位置

【任务 2.1】上传第一个控制程序

任务要求描述

上传第一个控制程序，实现控制板载"L"灯（数字端子 13 外接发光二极管）常亮。

控制电路连接

标注为"L"的板载发光二极管（Light Emitting Diode，LED）的正极与开发板数字端子 13 相连。所以数字端子 13 外接 LED，同样能观察到闪烁效果。

通常情况下，LED 接入电路时必须串联一个限流电阻，但考虑到 UNO 板载芯片每个输出端子供电电流一般不超过 40mA，本书为了实验简便，省略了串联的限流电阻。数字端子 13 外接 LED 连接示意如图 2-5 所示。

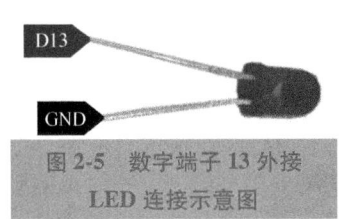

图 2-5 数字端子 13 外接
LED 连接示意图

为了电路表达清晰，本书使用图标 D13 表示 Arduino 控制板的数字端子 13；使用 A0 表示 Arduino 控制板的模拟端子 A0；使用 5V 表示 Arduino 控制板的正极（5V）端子；使用 GND 表示 Arduino 控制板的接地（GND）端子。

考虑到 Arduino UNO 开发板的数字端子已经焊接好排母，因此可以直接将外接 LED 的正极（较长的那根连接端子）插入 Arduino UNO 开发板的数字端子 13，LED 的负极插入其旁边的端子 GND，连接后的效果如图 2-6 所示。

图 2-6　数字端子 13 外接 LED 的电路连接效果

✩ 控制程序上传

通过前面电路分析知道，LED 的负极端子连接到控制板的端子 GND，将一直处于低电位状态。所以，若要使 LED 灯亮，必须让控制板的数字端子 13 处于高电位状态。若数字端子 13 也处于低电位状态，则无电流流经 LED，LED 熄灭。

在计算机 USB 口插上 Arduino UNO 控制板，并打开米思齐软件，首先在【系统功能区】确认控制板类型和连接串口号。然后，在【模块选择区】选择"输入/输出"分类，找到 ，并将其拖到【程序构建区】后，修改管脚号为"13"。最后，在【系统功能区】单击"上传"按钮，通过 USB 转串口芯片将程序烧写到控制板的主控芯片中。如果操作顺利，将在【消息提示区】出现"上传成功！"的提示，板载"L"灯将由闪烁状态变为常亮状态。完整的操作过程如图 2-7 所示。

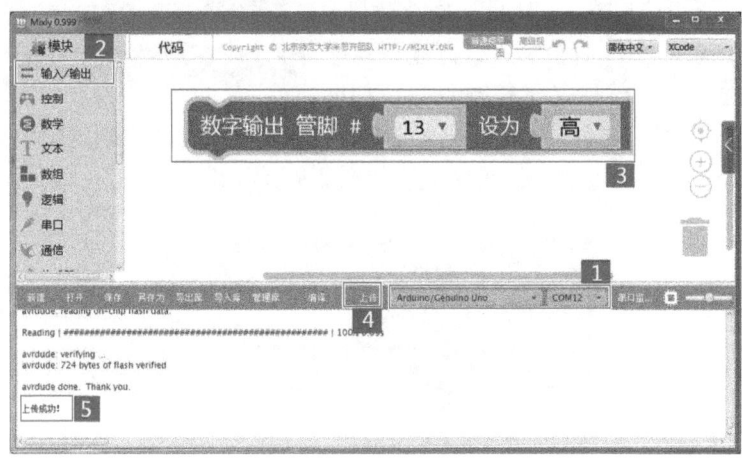

图 2-7　点亮 LED 操作过程

运行效果查看

请使用手机扫描二维码查看运行效果。

【任务2.2】让"L"灯重新恢复闪烁

任务要求描述

上传一个控制程序，使得板载"L"灯（数字端子13外接发光二极管）恢复闪烁。

控制电路连接

本任务继续使用图2-5所示的数字端子13外接 LED 电路连接方式。

控制程序上传

灯光闪烁的原理很简单，点亮并持续一段时间，然后熄灭并持续一段时间，如此循环往复。那如何编写控制程序，使 LED 恢复"L"灯的闪烁状态？在【模块选择区】的"控制"分类里可以找到"延迟时间"模块 延时 毫秒 1000 ，将其拖动拼接在"数字输出"模块 数字输出 管脚 # 0 设为 高 的下方，修改管脚号后，可以实现将数字端子13维持高电位状态 1000ms（即 1s）。然后在【程序构建区】右键单击"数字输出"模块，并在弹出菜单中选择"复制"。接着将复制出来的"数字输出"模块设为"低"，并拖动拼接到"延迟时间"模块下方，如图2-8所示。

但是图2-8对应的程序上传后，板载"L"灯不能闪烁，还是处于常亮状态，为什么呢？

Arduino UNO 开发板每秒大约可以执行 16×10^6 条指令，如果在"数字输出"模块将数字端子13的电压设为"低"后不增加"延迟时间"模块，LED 在被点亮并保持点亮状态 1s 后会熄灭，但熄灭状态只会保持百万分之几秒，然后又迅速被点亮，如此

图 2-8　程序编写

循环。因为熄灭时间太短，人眼根本无法识别熄灭状态，所以无法看到闪烁效果。

为了实现闪烁效果，完整的控制程序应该如图2-9所示。

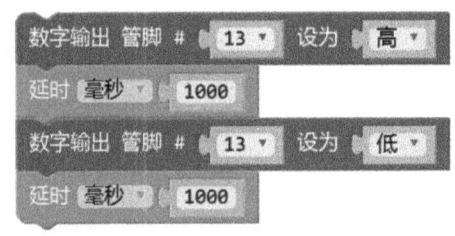

图 2-9　让"L"灯恢复闪烁程序

运行效果查看

请使用手机扫描二维码查看运行效果。

2.4 什么是"变量"

变量的概念来源于数学，是计算机语言中能储存计算结果或者能表示某些值的一种抽象概念。在板载"L"灯恢复闪烁的基础上，本节开始在程序中引入"变量"，让"L"灯闪烁效果更丰富。

【任务 2.3】使用变量指代闪烁间歇时间

任务要求描述

设定一个变量"delayTime"存储延时参数，同样实现让板载"L"灯以亮 1s、灭 1s 的速度闪烁。

控制电路连接

本任务仅需要 1 块 Arduino UNO 控制板，不需要额外连接外围控制电路。

控制程序上传

定义一个名为"delayTime"的变量，数据类型为"整数"，将其赋值"1000"。完整的控制程序如图 2-10 所示。

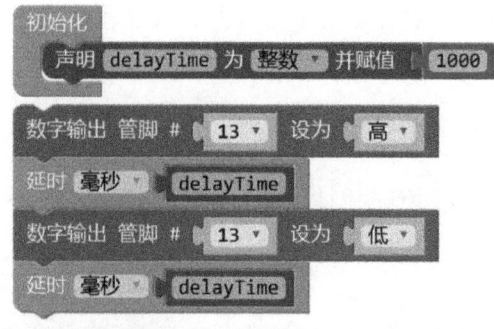

图 2-10 加入变量后的闪烁程序

运行效果查看

请使用手机查看运行效果。

控制程序解析

本示例程序中的"初始化操作"模块 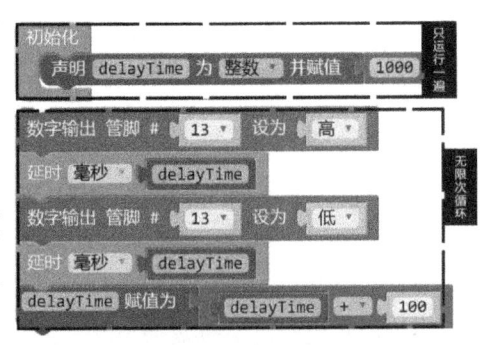 可以在"控制"分类中找到;"声明并初始化一个变量"模块 可以在"变量"分类中找到,将该模块放到【程序构建区】后,将变量名"item"更改为"delayTime";变量的赋值"一个数字"模块 可以在"数学"分类中找到,将该模块放到【程序构建区】后,将值"0"更改为"1000";"返回此变量值"模块 可以在"变量"分类中找到。使用变量后,只需修改对变量"delayTime"的赋值,就可以改变程序中重复出现的延时时长。

从加入变量后的程序可以看出,变量可以通俗理解为给某个数值命名。举个例子:1班的班长是张三,2班的班长是李四。老师上课时说"请班长上台回答问题",如果老师在1班上课,那么就是张三上台回答问题;如果老师在2班上课,那么就是李四要上台回答问题。在这个例子中,班长就是变量的名称,张三和李四则是变量的值。

当定义一个变量时,必须指定变量的类型。比如Mixly中,我们可以将变量类型设置为"整数""无符号整数""长整数""无符号长整数"等10余种。

按照默认约定,变量名一般为英文单词,且首字母小写;如果是两个及以上多单词组合,则中间每个单词的首字母应该大写(如上例中的delayTime),一般这种拼写方式称为小鹿拼写法(pumpy case)或者骆驼拼写法(camel case)。初学者可以使用中文拼音对变量命名,但切记变量名一定要能较好解释该变量代表的值。

【任务2.4】变量变化

任务要求描述

设定一个变量"delayTime"存储延时参数,并让其在程序循环运行的过程中不断循环叠加增大,实现让板载"L"灯越闪越慢的效果。

控制电路连接

本任务仅需要1块Arduino UNO控制板,不需要额外连接外围控制电路。

控制程序上传

上一任务的示例中,变量"delayTime"自始至终值都为"1000",没有改变。本任务示例(图2-11)尝试让这个变量在程序运行过程中不断循环叠加增加。

图2-11 变量在变化的闪烁程序

运行效果查看

请使用手机扫描二维码查看运行效果。

控制程序解析

如图 2-11 所示的程序，初始化部分的内容只运行一遍，初始化以外的内容可以无限次循环运行。变量"delayTime"在初始化中被赋值"1000"，所以第一次运行延时语句时"delayTime"的值为"1000"。第一次运行到最后一句时，"delayTime"被重新赋值为"自身原值+100"（即 1000+100）。所以无限次循环部分语句运行第二遍时，延时语句中的"delayTime"值为"1100"，最后一句时"delayTime"被重新赋值为"自身原值+100"（即 1100+100）；第三遍时，延时语句中的"delayTime"值为 1200，最后一句时"delayTime"被重新赋值为"自身原值+100"（即 1200+100），如此不断循环变化。这段代码运行的效果是"L"灯越闪越慢，因为其每闪烁一次，间歇时长就增加了 100ms。

图 2-11 所示程序中的"设置变量"模块 `delayTime 赋值为` 可以在"变量"分类中找到；"返回两个数字的和"模块 `1 + 1` 可以在"数学"分类中找到；在"变量"分类中找到"返回此变量值"模块 `delayTime`，并将其嵌入"返回两个数字的和"模块即完成。

2.5　串口监视器的使用

串口监视器可以看作计算机和 Arduino 控制板之间通信的人机交互窗口。上一节示例通过变量的自身循环叠加，实现板载"L"灯越闪越慢的效果。本节将引入"串口监视器"，对"L"灯闪烁的间歇时间进行监控。

【任务 2.5】使用串口监视器监控闪烁间歇时间

任务要求描述

使用"串口监视器"对"L"灯闪烁的间歇时长进行实时监控。

控制电路连接

本任务仅需要 1 块 Arduino UNO 控制板，不需要额外连接外围控制电路。

控制程序上传

在初始化部分，设置串口通信波特率为"9600"（图 2-12）；在循环部分通过串口通信将变量"delayTime"的实时值打印到串口监视器中。

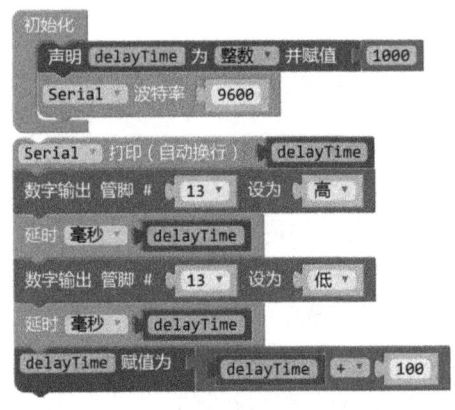

图2-12　增加串口监视功能的闪烁程序

运行效果查看

将程序上传到 Arduino 控制板后，单击【系统功能区】中"串口监视器"可以打开串口监视器，其显示情况如图 2-13 所示。

图2-13　串口监视器的显示情况

请注意：串口监视器中的波特率设置一定要与程序中的波特率设置一致，否则串口监视内容可能会出现乱码。

请使用手机扫描二维码查看运行效果。

控制程序解析

本示例程序中的"初始化串口"模块 Serial 波特率 9600 和"串口打印换行"模块 Serial 打印（自动换行） 均能在"串口"分类中找到。

如果将图 2-11 程序中的串口打印语句放到最后一句，串口监视器中显示的第一个数字是 1100，而不是之前的 1000。这是因为程序默认是从上到下按顺序逐句执行，当把"串口打印"

放到循环部分第一句时，第一个打印出来的变量"delayTime"的当前值为"1000"；而把"串口打印"放到循环部分最后一句时，第一个打印出来的变量"delayTime"的当前值已经被自身叠加100，变为"1100"。

这种从上到下按顺序逐句执行指令的程序组织结构就是编程语言三种基本结构中的"顺序结构"。如图2-14所示，在一个顺序结构中，执行完A框中指令，再执行B框中的指令。一般来说，一个完整的控制程序都是由一系列语句或控制结构组成的，这些语句与结构都是按先后出现的顺序运行，因此从整体上看，控制程序都符合顺序结构的特点。

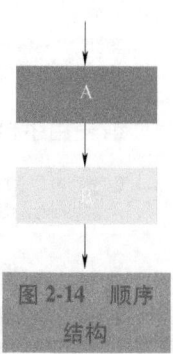

图2-14 顺序结构

2.6 选择结构的使用

在生活中，很多时候按预先设定的顺序并不能解决所有问题，经常需要根据条件进行判断并做出不同的行为。例如：设定每次出门都穿雨鞋，很多时候并不合适，通常需要根据出门时的天气情况进行判断，然后做出是否穿雨鞋的选择。同理，在编程中也经常需要根据当前的情况做出判断，以决定下一步的操作。

【任务2.6】单分支选择结构的使用

前面的控制程序使得"L"灯越闪越慢。本任务将引入单分支的选择结构，使"L"灯闪烁频率变慢到某个值后，重新恢复快速闪烁。

任务要求描述

使用单分支的选择结构，当板载"L"灯的闪烁间歇时间大于2000ms时，重新给变量delayTime赋值800ms，使"L"灯恢复快速闪烁。

控制电路连接

本任务仅需要1块Arduino UNO控制板，不需要额外连接外围控制电路。

控制程序上传

"如果执行"模块![如果执行] 可以在"控制"分类中找到；"比较判断"模块（![比较判断]）可以在"逻辑"分类中找到，然后可以改变其比较符号，并将"返回此变量值"模块和"一个数字"模块分别嵌入其前后空格，完整的控制程序如图2-15所示。

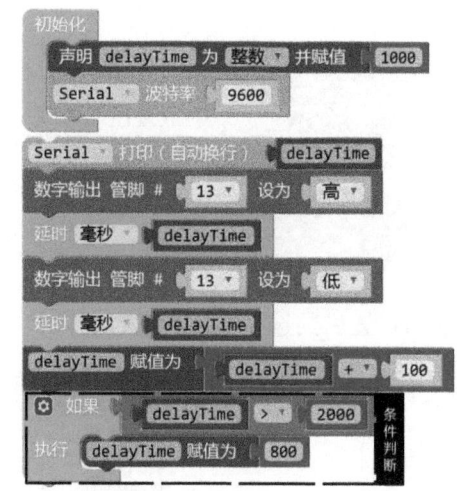

图2-15 加入"如果执行"模块后的闪烁程序

运行效果查看

请使用手机扫描二维码查看运行效果。

控制程序解析

本任务示例程序中，当 delayTime 的值超过 2000 以后，将执行选择结构内部的语句，将 delayTime 重新赋值为"800"，然后继续前面语句的循环。除了能观察"L"灯的闪烁周期变化外，也可以通过串口监视器观察闪烁间歇时间由 1000 逐步增加到 2000，然后执行一次"如果执行"模块，闪烁间歇时间变为 800，然后继续逐步递增。

米思齐中，"比较判断"模块中的关系运算符包括"="（判断是否等于）、"≠"（判断是否不等于）、"<"（判断是否小于）、"≤"（判断是否小于或等于）、">"（判断是否大于）、"≥"（判断是否大于或等于）。

这个示例中使用的"如果执行"模块，并不是一直执行的，而是满足一定的触发条件时才运行其内部指令。这种需要根据当前数据做出判断，以决定下一步操作的程序组织结构称为"选择结构"，如图 2-16 所示。

此外，单击  模块左上方蓝色设置图标会弹出设置选项框，拖动

左侧灰色区域图标到右侧，可以改变"如果执行"模块的设置，如图 2-17 所示。

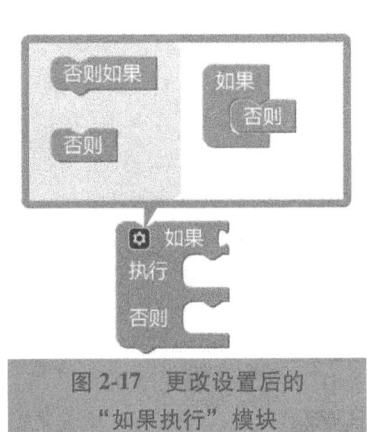

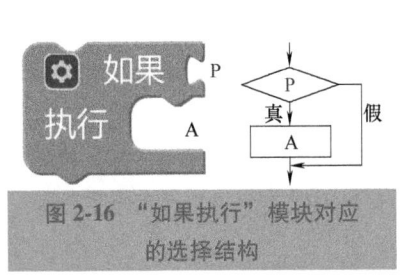

图 2-16　"如果执行"模块对应的选择结构

图 2-17　更改设置后的"如果执行"模块

更改设置后的选择结构的运行逻辑相应改变，如图 2-18 所示。

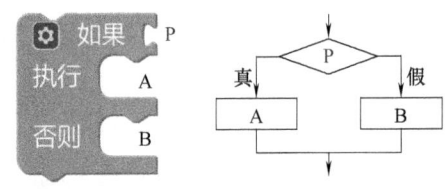

图 2-18　改变后的选择结构运行逻辑

【任务2.7】多分支选择结构的使用

"如果执行"模块更改设置后，也可用于多分支选择结构，如图2-19所示。

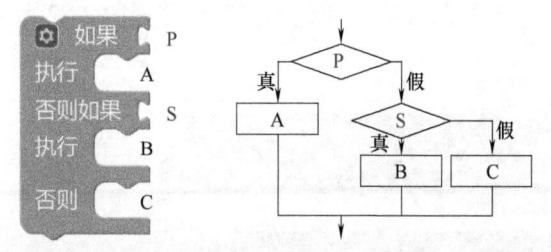

图2-19 适用于多分支选择结构的"如果执行"模块

多分支选择结构还可以使用"switch"模块进行表达。Mixly中"switch"模块可以在"控制"分类中找到，单击其左上角的设置按钮可以设置选择分支（例如将灰色区域的case或default拖动到右侧白色区域相应位置），"switch"模块会根据设置情况实时显示修改后的结构，如图2-20所示。

使用switch模块后的多分支选择结构的程序流程图如图2-21所示。其中，P为判断条件，若判断结果是"a"，进入执行A事件；若判断结果是"b"，进入执行B事件；若判断结果不是"a"也不是"b"，默认进入执行C事件。

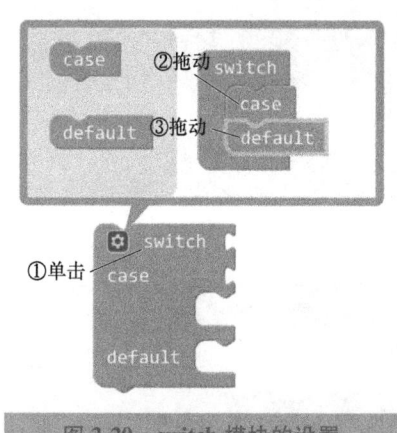

图2-20 switch模块的设置

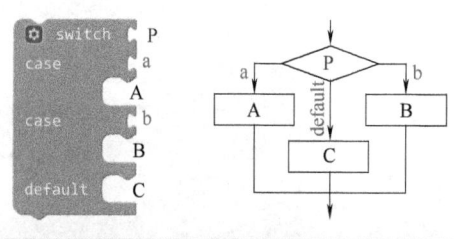

图2-21 多分支选择结构的程序流程图

任务要求描述

编写程序实现让板载"L"灯开始以0.5s间歇时间闪烁1次，接着以1s间歇时间闪烁1次，然后以2s间歇时间闪烁1次，如此不断循环。

控制电路连接

本任务仅需要1块Arduino UNO控制板，不需要额外连接外围控制电路。

☆ **控制程序上传**

在 switch 模块中添加 2 个 case 和 1 个 default 模块，然后通过对变量的值进行判断，并选择进入对应分支执行分支内的控制程序，完整的控制程序如图 2-22 所示。

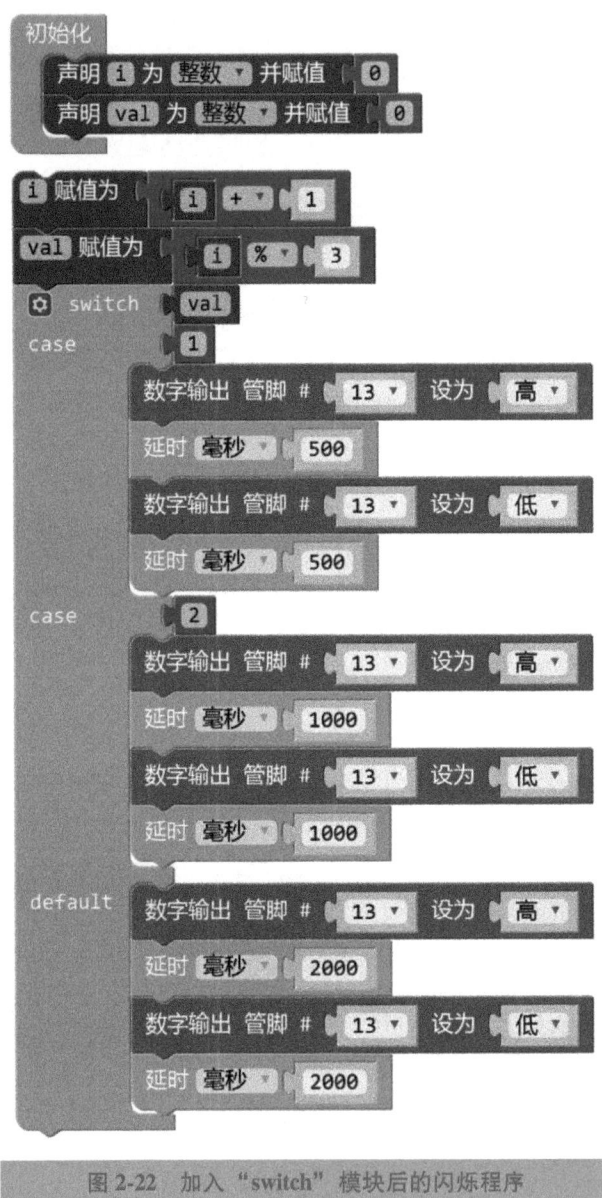

图 2-22　加入"switch"模块后的闪烁程序

✐ **运行效果查看**

请使用手机扫描二维码查看运行效果。

控制程序解析

编写控制程序时，为了理清逻辑思路，通常先绘制程序流程图，然后根据流程图对应模块编写程序。本示例程序的流程图如图 2-23 所示。

示例程序首先定义两个变量，变量 i 每经历一次循环其值递增 1，变量 val 则是 i 模除 3 后的值。然后使用 switch 模块对 val 的值进行选择判断，val 值不同则进入不同的语句块，执行完 switch 模块后，回到整个控制程序循环部分的头部，循环执行。

模除也称取模运算，其结果是一个数除以另一个数的余数，例如本示例中，当 i 值为 1 时，val = 1%3 = 1，进入 switch 模块后选择让板载"L"灯闪烁间歇时间为 0.5s 的语句块；当 i 值为 2 时，val = 2%3 = 2，进入 switch 模块后选择让板载"L"灯闪烁间歇时间为 1s 的语句块；当 i 值为 3 时，val = 3%3 = 0，进入 switch 模块后选择让板载"L"灯闪烁间歇时间为 2s 的语句块；如此循环。

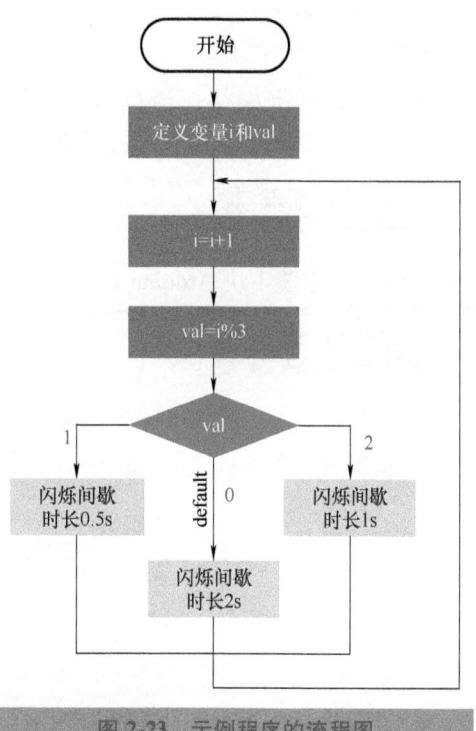

图 2-23　示例程序的流程图

2.7　循环结构的使用

米思齐中，初始化模块之外的内容就是全局循环运行部分。但很多情况下，部分语句需要在满足设定条件下循环运行一定次数。本节介绍两个常用循环结构。

【任务 2.8】"重复执行"模块的使用

在"控制"分类中可以找到"重复执行"模块  ，当其右侧判断条件为"真"（即 delayTime ≤ 2000）时，执行其内部包含语句。该模块相应的循环结构如图 2-24 所示。

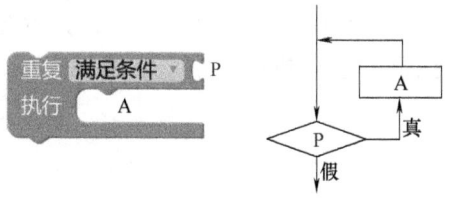

图 2-24　"重复执行"模块对应的循环结构

任务要求描述

使用重复执行模块，当板载"L"灯的闪烁间歇时间大于 2000ms 时，重新给变量 delayTime 赋值 800ms，使闪烁频率变快。

控制电路连接

本任务仅需要 1 块 Arduino UNO 控制板，不需要额外连接外围控制电路。

控制程序上传

在程序中添加"重复执行"模块，使得 delayTime 的值在运行过程中超过 2000 时，将 delayTime 重新赋值为 800，完整的控制程序如图 2-25 所示。

图 2-25 加入"重复执行"模块后的闪烁程序

运行效果查看

请使用手机扫描二维码查看运行效果。

控制程序解析

本示例程序的流程图如图 2-26 所示。初始化设置部分定义变量的数据类型并赋一个初始值，然后设置串口通信波特率为"9600"。循环执行部分，先对变量 delayTime 的实时值进行判断，如果小于等于 2000，执行"重复执行"模块内的语句；如果大于 2000，执行最后一句，将变量 delayTime 重新赋值"800"。

【任务2.9】"遍历循环"模块的使用

使用"遍历循环"模块（图 2-27），通过控制循环次数的方法能够实现与上一任务类似的控制效果。"遍历循环"模块可以在"控制"分类中找到。

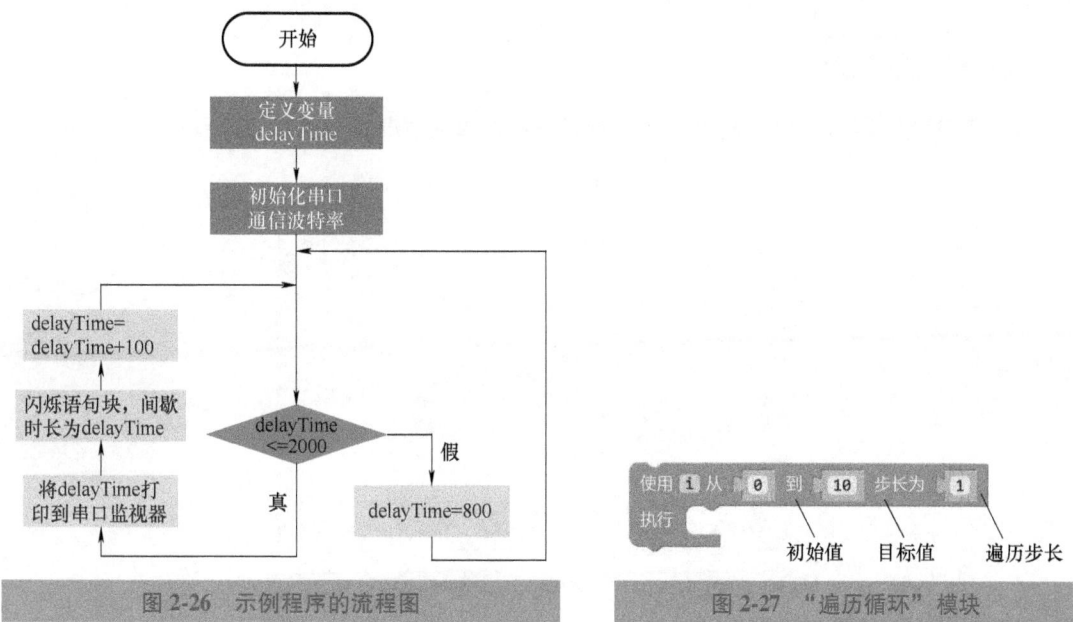

图 2-26　示例程序的流程图

图 2-27　"遍历循环"模块

这个模块中，按照遍历步长计算从初始值到目标值的行进次数，而这个行进次数就是模块执行内容的循环次数。例如：步长为"1"时，从初始值"0"到目标值"10"共需行进 11 次，所以这个时候执行的循环次数就是 11 次；如果步长为"2"，从初始值"0"到目标值"10"只需行进 5 次，这时执行的循环次数就变为 5 次，如此类推。

任务要求描述

使用"遍历循环"模块，当板载"L"灯的闪烁间歇时间大于 2000ms 时，变量 delayTime 恢复初始值 1000ms，使闪烁频率变快。

控制电路连接

本任务仅需要 1 块 Arduino UNO 控制板，不需要额外连接外围控制电路。

控制程序上传

将"遍历循环"模块加入到闪烁程序中，如图 2-28 所示。

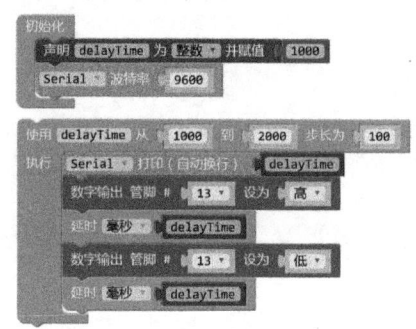

图 2-28　将"遍历循环"模块加入闪烁程序

运行效果查看

打开串口监视器后，可以看到变量 delayTime 的变化情况，如图 2-29 所示。

图 2-29　变量 delayTime 的变化情况

请使用手机扫描二维码查看运行效果。

控制程序解析

本示例程序中，按照顺序结构先执行"遍历循环"模块内容 11 次（从初始值 1000 到目标值 2000，步长为 100），然后执行最后一句"将 delayTime 赋值为 1000"的语句 1 次，如此周而复始循环运行。其对应流程图如图 2-30 所示。

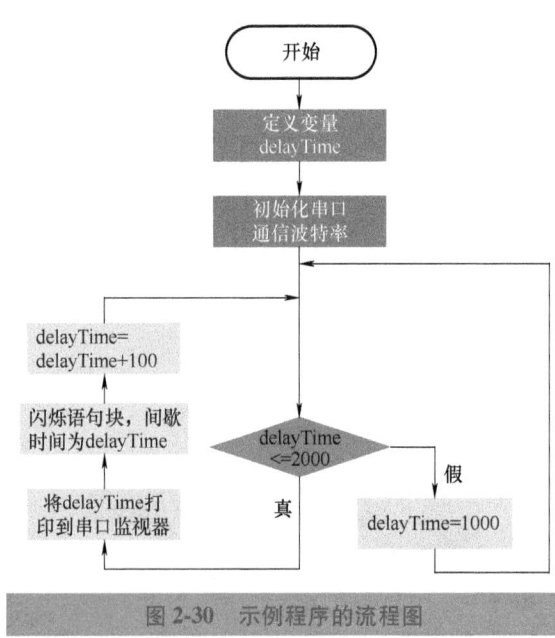

图 2-30　示例程序的流程图

项目 3

Arduino 文本编程入门

文本编程除了可以进一步强化编程逻辑思维训练，还能够为后续其他编程语言的学习夯实基础。

3.1 上传第一个文本代码程序

项目 2 通过图形化编程方式让板载"L"灯实现了多种闪烁效果，本项目将给控制板上传第一个文本代码程序，使板载"L"灯恢复常亮。

（1）从前面下载并解压缩好后的米思齐文件夹中，找到 Arduino IDE 所在文件夹"arduino-1.8.9"，如图 3-1 所示。

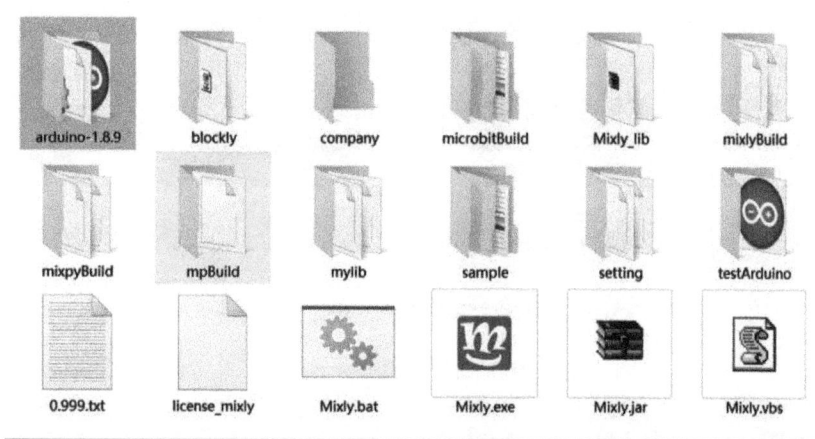

图 3-1　找到 Arduino IDE 所在文件夹

（2）进入"arduino-1.8.9"文件夹，然后双击 Arduino IDE 的启动图标，如图 3-2 所示。

（3）双击启动后，一般会自动新建一个空白的 Sketch，如图 3-3 所示。如果没有打开空白的 Sketch，则可以从"文件"菜单中选择"新建"命令，操作如图 3-4 所示。

（4）将空白 Sketch 里面的代码修改成如图 3-5 所示。一定要注意，代码里面不可出现中文字符（包括中文输入法"全角"模式敲出来的空格、数字或字母等）！

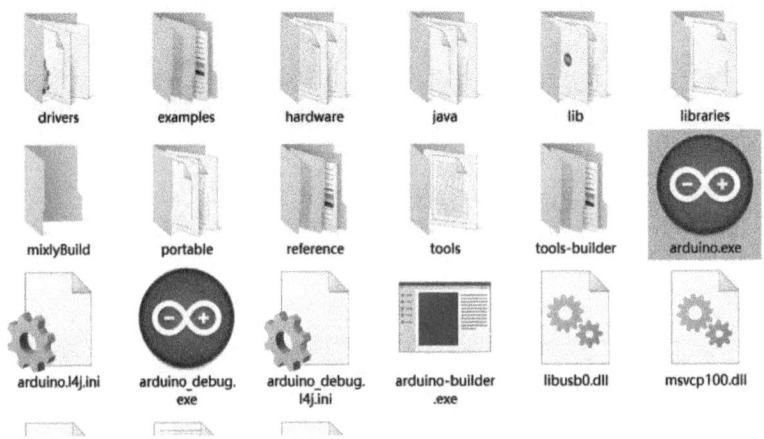

图 3-2　找到 Arduino IDE 启动图标

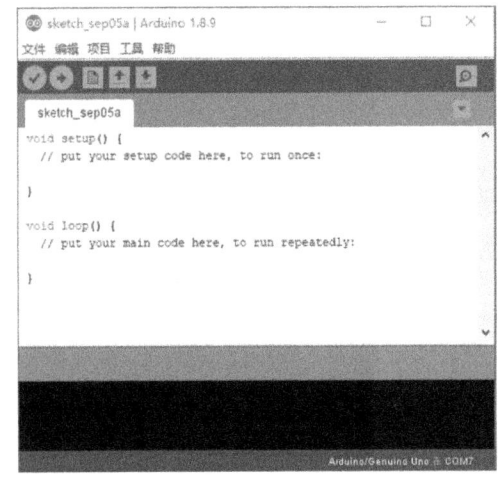

图 3-3　空白的 Sketch

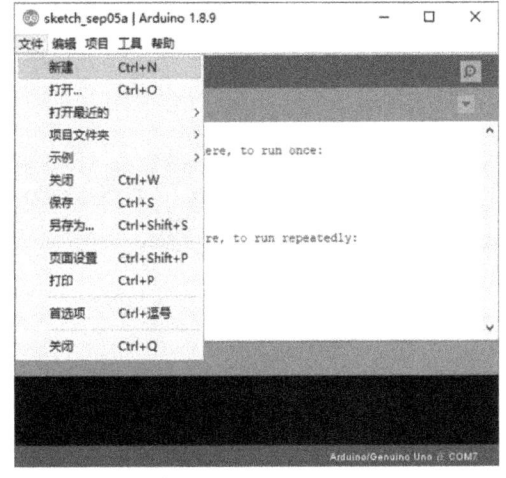

图 3-4　从"文件"菜单中新建空白的 Sketch

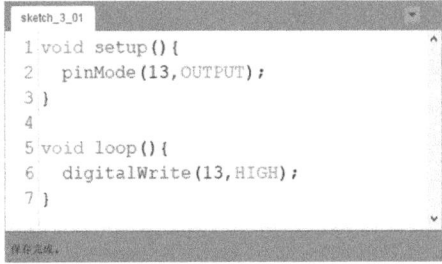

图 3-5　输入第一个文本代码程序

（5）在菜单中选择正确的控制板类型，如图 3-6 所示。

（6）在菜单中选择正确的端口号（与"设备管理器"中对应端口号保持一致），如图 3-7 所示。

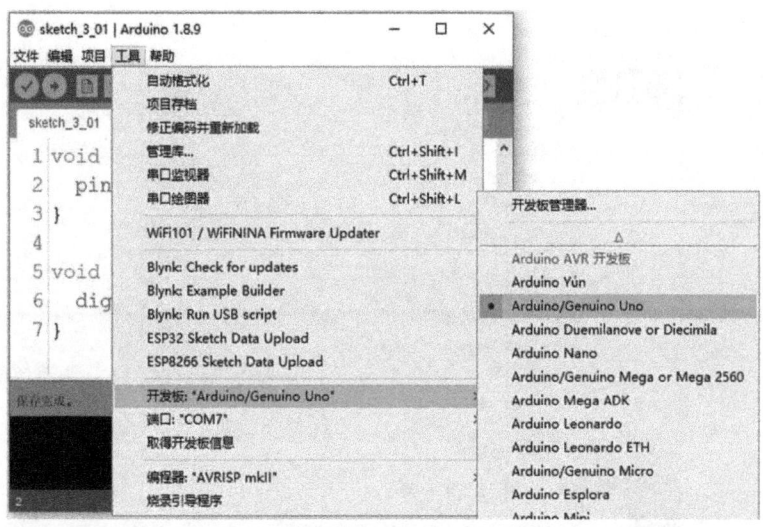

图 3-6　选择正确的控制板类型

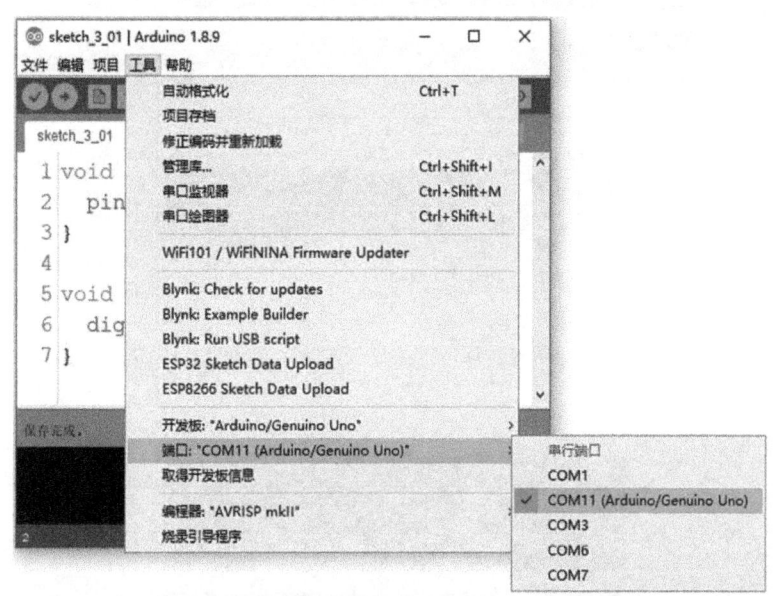

图 3-7　选择正确的端口号

　　如果 Arduino 控制板使用的是 CH340 串口转 USB 芯片，不能确定是哪个端口，可以从操作系统中找到"设备管理器"，并在图 3-8 所示界面找到正确的端口号。

　　(7) 单击工具栏里的"上传"按钮（图 3-9），上传程序。

　　单击完"上传"按钮后，Arduino 集成开发环境将先对代码进行编译，生成机器码，然后将机器码传送给控制板内的芯片。上传过程可以看到板载"L"灯一直闪烁，上传成功后将会在 Arduino IDE 窗口底部状态栏看到"上传成功"的消息。

　　成功上传控制程序后，控制板将会自动运行该 Sketch，可以看到板载"L"灯已经不再闪烁，而是常亮。

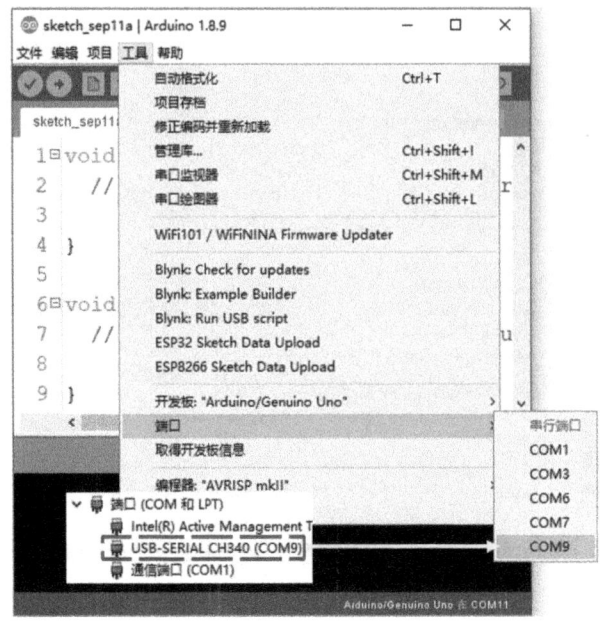

图 3-8　CH340 芯片对应的端口号

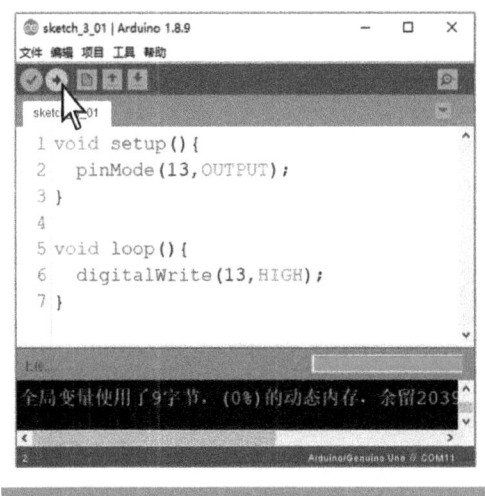

图 3-9　单击"上传"按钮上传程序

3.2　Arduino IDE 常用配置

3.1 节使用 Arduino IDE 完成了文本代码程序的上传，本节先回顾一下 Arduino IDE 的启动过程。双击 Arduino IDE 图标后，首先出现启动画面，如图 3-10 所示。

随后，进入 Arduino IDE 编辑界面，该界面包含菜单栏、工具栏、代码编辑区、状态栏、调试信息区等内容，如图 3-11 所示。

图 3-11 Arduino IDE 编辑界面

图 3-10 Arduino IDE 启动画面

相比于 Keil 等其他开发环境，Arduino IDE 编辑界面非常简洁。如果需要使用 Arduino 控制板进行大型项目开发，可以选用 Eclipse 等更适合复杂程序的开发环境。

1. 首选项设置

新版本的 Arduino IDE 默认使用操作系统预设语言作为编辑器语言。如果是老版本的 IDE，则可以通过以下方法手动修改编辑器语言。选择"文件"，选择"首选项"菜单命令，在弹出的 Preferences 对话框中（图 3-12），找到"Editor language"，并在下拉框中选定编辑器语言，如"简体中文"。然后单击【OK】按钮，并重启 Arduino IDE 即可生效。

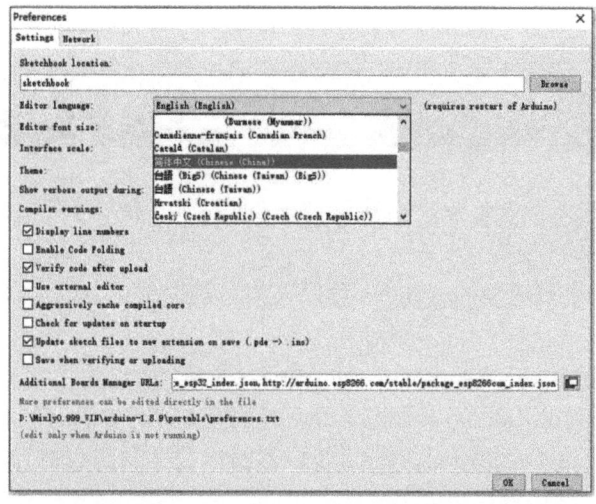

图 3-12 首选项设置对话框

在首选项设置对话框还可以完成多种设定，有以下常用的设定。

（1）项目文件夹位置：单击右侧"浏览"按钮可以修改程序默认保存位置（保存路径最

好不要有中文字符)。

（2）编辑器语言：更改编辑器界面的语言。

（3）编辑器字体大小：可以根据个人喜好修改代码编辑区显示字符的大小。

（4）界面缩放：可以根据个人喜好调整操作窗口的大小。

（5）显示行号：勾选其左侧框后，每行代码左侧都将显示行号。

（6）启用代码折叠：勾选其左侧框后，可以在代码编辑区左侧单击"+"或"-"完成代码展开或折叠。

（7）启动时检查更新：取消勾选其左侧框后，每次启动 IDE 可以省略检查更新版本的时间。

首选项设置对话框还有一些其他设置，学习者可自行探索尝试。

2. 工具栏快捷按键

工具栏显示了开发过程中常用功能的快捷按键，见表 3-1。

表 3-1 工具栏按键对应功能列表

序号	图标	按键名称	功　　能
1	✓	验证	验证程序编写是否符合语法，并对程序进行编译
2	→	上传	将程序上传到 Arduino 控制板上
3	▤	新建	新建一个项目
4	↑	打开	打开一个项目
5	↓	保存	保存当前项目
6	🔍	串口监视器	打开 Arduino IDE 自带的一个串口监视器程序，用于查看串口传送的数据

3.3　Arduino 基本程序架构

如图 3-13 所示，选择菜单命令"文件"→"示例"→"01. Basics"→"BareMinimum"来打开一个最简单的 Arduino 程序架构。

打开后可以看到一个最简单的 Arduino 程序架构，最少包含 setup() 和 loop() 两个函数，如图 3-14 所示。

其中，setup() 函数用于设置端子类型（输入/输出）、初始化端子状态（高/低电位）、配置串口、初始化变量等。Arduino 控制板每次上电或重启后，setup() 函数只运行 1 次。

loop() 函数在 Arduino 控制板通电期间循环不断运行，它可以根据设定或反馈相应地改变执行情况。

双斜杠"//"后面的文字是单行注释，如"put your setup code here, to run once;"和"put your main code here, to run repeatedly;"均不属于可执行的程序代码。如果需要用到多行注释，可以用"/*"开头，并用"*/"结束。对程序进行必要的注释非常重要，可以增强程

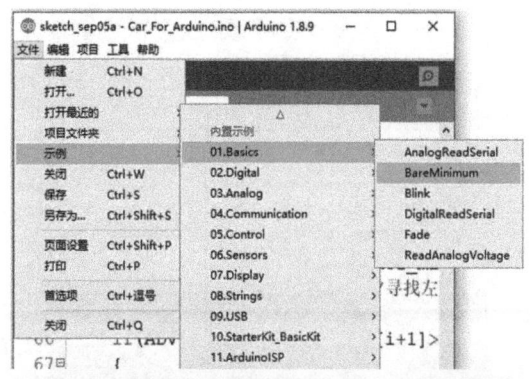

图 3-13　打开 BareMinimum 程序

```
BareMinimum

1  void setup() {
2    // put your setup code here, to run once:
3
4  }
5
6  void loop() {
7    // put your main code here, to run repeatedly:
8
9  }
```

图 3-14　最简单的 Arduino 程序架构

序可读性，方便自己或他人日后读懂或修改该程序。

setup( ) 函数和 loop( ) 函数可以为空，但这两个函数一定不能被删除，否则会出现编译错误，如图 3-15 所示。

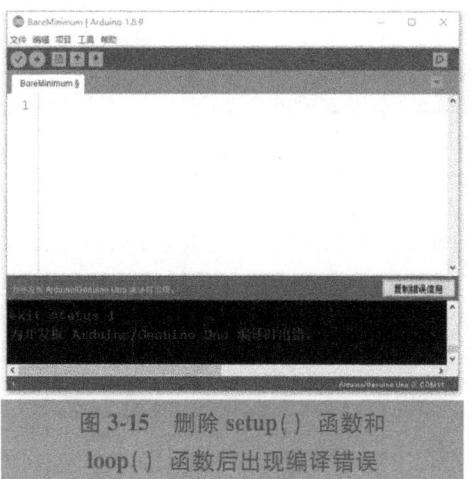

图 3-15　删除 setup( ) 函数和
loop( ) 函数后出现编译错误

多数 Arduino 程序架构除了 setup( ) 和 loop( ) 两个必备函数外，还通常包含声明部分。声明部分用于声明变量和接口名称、引入类库文件等，如图 3-16 所示。

```
sketch_sep05a §
1 int ledPin = 13;
2
3 void setup() {
4    pinMode(ledPin,OUTPUT);
5 }
6
7 void loop() {
8    digitalWrite(ledPin,HIGH);
9 }
上传成功。
```

图 3-16 常见的 Arduino 程序架构

图 3-16 所示程序中，"int ledPin = 13;"这句属于声明部分，声明了变量名称、变量类型及变量值。此外，setup( ) 函数类似于米思齐里面的"初始化"模块，函数内的语句只是在执行程序过程中运行一遍；loop( ) 函数内的语句则是持续循环执行。

3.4 让"L"灯重新恢复闪烁

3.1 节完成了第一个文本程序的上传，实现了控制板载"L"灯常亮。图 3-5 的 sketch 3_01 例程中的函数 pinMode 属于 setup( ) 函数的内容，它的作用是设置某个端子的模式，13 是待设置端子的编号，OUTPUT 是指该端子类型为输出（如果是 INPUT 则表示端子类型为输入）。所以，"pinMode(13，OUTPUT)"的意思是将 Arduino 控制板上的数字端子 13 设置为输出模式。

digitalWrite 函数属于 loop( ) 函数的内容，其作用是设置某个端子的电位状态，13 是待设置端子的编号，HIGH 是指该端子为高电位状态（如果是 LOW 则表示该端子为低电位状态）。"digitalWrite(13，HIGH);"的意思是将 Arduino 控制板上的端子 13 设置为高电位。对于 Arduino UNO 控制板来说，高电位意味着+5V，低电位则为 0。digitalWrite 函数与米思齐中的"数字输出"模块（ 数字输出 管脚 # 0 设为 高 ）作用相同。

【任务 3.1】编写文本代码控制"L"灯闪烁

任务要求描述

编写文本代码使控制板载"L"灯恢复闪烁。

控制电路连接

本任务仅需要 1 块 Arduino UNO 控制板，不需要额外连接外围控制电路。

控制程序上传

如图 3-17 所示，板载"L"灯闪烁就是点亮板载"L"灯（数字端子 13 设置为高电位）

并持续一段时间；然后熄灭板载"L"灯（数字端子 13 设置为低电位）并持续一段时间，如此循环。

为了使某个端子在高或低电位状态保持一段时间，需要引入一个与米思齐中"延迟时间"模块（延时 毫秒 1000）作用相同的函数 delay。其作用是让程序暂停，暂停过程中端子电位维持之前设置的状态，暂停时长可以通过参数来设定。例如，"delay（1000）"就是让程序暂停 1000ms（即 1s）。如图 3-18 所示，左侧为 Arduino IDE 对应程序，右侧为相应的米思齐程序，本书项目 3 和项目 4，多处同时提供两种程序供对比学习。

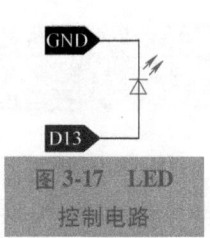

图 3-17　LED 控制电路

```
sketch_3_02
1  void setup() {
2    pinMode(13,OUTPUT);
3  }
4
5  void loop() {
6    digitalWrite(13,HIGH);
7    delay(1000);
8    digitalWrite(13,LOW);
9    delay(1000);
10 }
上传成功。
```

对比

米思齐中，端子输入/输出模式的设置可以默认省略

数字输出 管脚 # 13 设为 高

延时 毫秒 1000

数字输出 管脚 # 13 设为 低

延时 毫秒 1000

图 3-18　控制板载"L"灯恢复闪烁

运行效果查看

请使用手机扫描二维码查看运行效果。

控制程序解析

本示例程序运行步骤如下：

（1）在 setup 函数中将端子 13 设置为输出模式。

（2）进入 loop 函数，开始执行循环内容。

（3）将端子 13 设置为高电位状态。

（4）延时 1s。

（5）将端子 13 设置为低电位状态。

（6）延时 1s。

（7）回到第（3），循环执行（3）~（6）。

本小节中，我们接触到了 pinMode 和 digitalWrite 函数，这两个函数的拼写命名规则符合骆驼拼写法（camel case），即当函数名由多个单词组成时，单词之间不能加空格，且第一个单词的首字母小写，后面其他单词的首字母大写。

pinMode 是 Arduino 的一个内建函数，它的第一个参数是对应的端子编号，第二个参数则是端子使用模式，只能是 INPUT（输入）或者 OUTPUT（输出）两种，模式名 INPUT 和 OUTPUT 必须全部大写。

3.5 代码中加入变量

上一节控制程序实现了让"L"灯恢复闪烁，而本节将引入变量的概念，灵活更换 LED 的控制端子或闪烁间歇时间。

【任务 3.2】使用变量指代端子编号

任务要求描述

设定变量指代端子编号和闪烁间歇时间，编写文本代码控制数字端子 11 连接的发光二极管闪烁。

控制电路连接

如图 3-19 所示，将"L"灯的正极连接端子 11，负极连接端子 GND，完成硬件电路连接。

图 3-19　LED 连接端子 11

控制程序上传

图 3-16 对应的示例程序中有 3 处涉及了端子 13，所以如果要修改端子号，就必须把这 3 个地方的"13"改成"11"。但如此进行修改，对于比较复杂的控制程序，很容易出现错漏。

在 Arduino 语法规则里面，定义一个变量时，必须明确变量的数据类型。示例程序中涉及的端子编号全都是整数，就可以定义变量的数据类型为"int"，写成"int ledPin = 11"。这里"ledPin"为变量的名称，"11"为变量的值。

加入变量后，可以得到图 3-20 所示例程。

图 3-20　加入变量后的闪烁程序

运行效果查看

请使用手机扫描二维码查看运行效果。

控制程序解析

本节示例程序中，ledPin 和 delayTime 都是变量的名称，"int"明确了这两个变量的数据类型均为"整数类型"，"11"和"1000"分别是这两个变量对应的值。引入变量后，如果需要修改控制端子或延迟时间，不需要对程序全面查找修改，只需要修改相应的变量值即可。

变量的数据类型除了整型 int 外，常用的还有布尔型、字符型等，见表 3-2。

表 3-2　常用的一些数据类型

类　　型	取 值 范 围	说　　明
int	$-32768 \sim 32767$ $(-2^{15} \sim 2^{15}-1)$	整型
unsigned int	$0 \sim 65535$ $(0 \sim 2^{16}-1)$	无符号整型
boolean	true 或 false （1 或 0）	布尔型
char	$-128 \sim 128$	字符型，用来存放 ASCII 字符，可以将程序中的字符转换成对应的数字存储（如将字符 A 存储为 65）
float	$-3.4028235E+38 \sim$ $3.4028235E+38$	浮点型，相当于数学中的实数。运算较慢且可能有误差，实际使用中尽量转换为整型处理
byte	$0 \sim 255$	字节型，多被用来传输串行数据

【任务3.3】使用变量让闪烁间歇时间不断增长

任务要求描述

编写文本代码使得闪烁间歇时间对应的变量在程序循环运行时不断累加，实现控制数字端子11连接的发光二极管越闪越慢。

控制电路连接

本任务继续使用图3-19所示的连接方式。

控制程序上传

变量在程序运行过程中，其对应的值还可以根据程序设置发生变化。例如每运行一次"delayTime = delayTime + 100"语句就会使得变量"delayTime"的值增加100。依照这个方法，可以让变量不再是一个恒定值，进而实现LED的闪烁频率发生变化，完整的控制程序如图3-21所示。

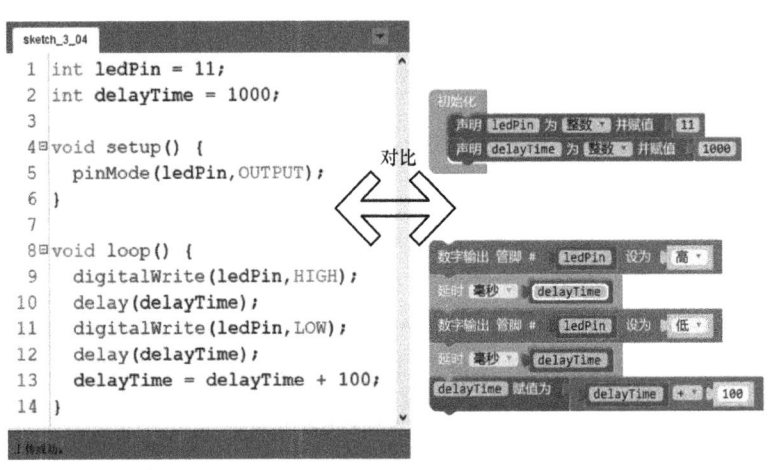

图3-21 变量在变化的闪烁程序

运行效果查看

请使用手机扫描二维码查看运行效果。

控制程序解析

该示例运行后，所连接的发光二极管越闪越慢。这是因为程序循环运行后，第1轮变量"delayTime"的值为初始值1000；第2轮变量"delayTime"的值是1100；第3轮变量"delayTime"的值是"1200"……变量"delayTime"的值如此随着程序循环而叠加递增。

若是将本示例中文本代码 13 行的赋值语句修改为"delayTime＝delayTime－100"，闪烁间歇时间越变越短，相应发光二极管将越闪越快。

按下 Arduino 控制板上的重置（Reset）按钮，将重新开始执行程序。

Arduino 编程语言中使用了多种算术运算符，常见的算术运算符见表 3-3。

表 3-3 常见的算术运算符

符号	描 述	示例	示例返回结果
＝	赋值符号，它可以将其右边的值赋给左边变量	a＝2	a 的值为 2
＋	加法符号	1＋2	3
－	减法符号	2－1	1
＊	乘法符号	2＊3	6
／	除法符号	6/2	3
％	取模符号	7％2	1
＋＋	自加运算，每运行一次在变量原值基础上增加 1	i＋＋等效于 i＝i＋1	若 i 的原值为 2，运行一次后结果为 3
－－	自减运算，每运行一次在变量原值基础上减少 1	i－－等效于 i＝i－1	若 i 的原值为 2，运行 1 次后结果为 1
＋＝	复合加运算	i＋＝2 等效于 i＝i＋2	若 i 的原值为 2，运行 1 次后结果为 4
－＝	复合减运算	i－＝2 等效于 i＝i－2	若 i 的原值为 2，运行 1 次后结果为 0

3.6 串口监视器的调用

串口监视器是 Arduino IDE 内置的一个组件，可以通过单击工具栏最右边的图标"⊙⋯"或选择"工具"→"串口监视器"菜单命令打开。

串口监视器不仅可以把一些控制指令从计算机发送到 Arduino 控制板，还可以把 Arduino 控制板反馈的一些运行状态显示出来。

【任务 3.4】调用串口监视器查看变量值的变化

🔧 任务要求描述

在 Arduino IDE 中使用串口监视器，查看上一个示例中延时时长对应变量的值如何发生变化。

控制电路连接

本任务继续使用图 3-19 所示的连接方式。

控制程序上传

有一个内建函数 serial. println( ) 可以在用来在串口监视器中显示 Arduino 控制板返回的信息。本示例将添加一个串口监视器（图 3-22）来观察延时函数的变化量。

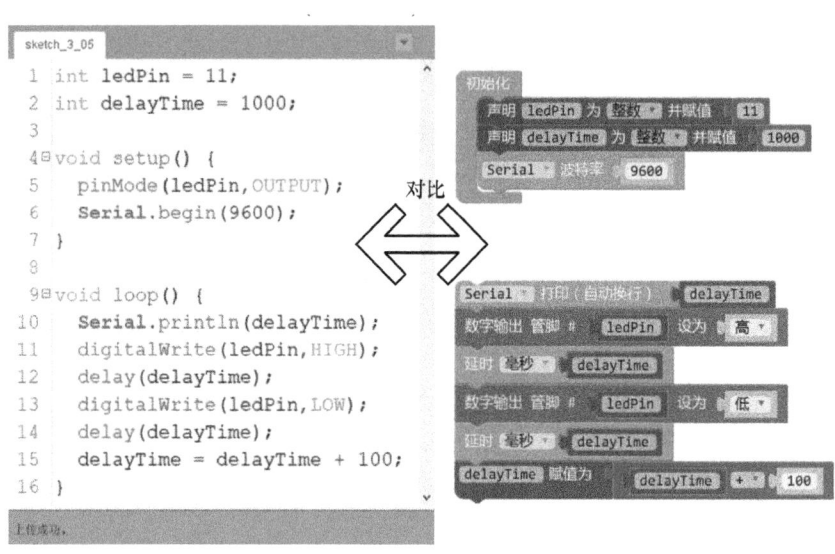

图 3-22　调用串口监视器

运行效果查看

该示例运行后，单击工具栏中的"串口监视器"图标可以看到变量"delayTime"的值一直累加，同时端子 11 控制的 LED 灯的闪烁间歇时间越变越长。请使用手机扫描二维码查看运行效果。

控制程序解析

1. 通信波特率的设置

波特率是反映数据通信的速度（即单位时间内传输的信息量）的重要参数，指每秒传输的符号数。与米思齐编译环境类似，Arduino IDE 自带的串口监视器的通信波特率一般可设置为 300、1200、2400、4800、9600、19200、38400、57600、74800、115200、230400、250000、500000、1000000、2000000 等值（单位：bit/s），如图 3-23 所示。

通信波特率越高，数据传输速率越高，但也越占用芯片资源，拖延控制程序的执行效率。通常采用 9600bit/s 波特率即可实现监视需求。一定要注意程序中设置的串口通信波特率，即

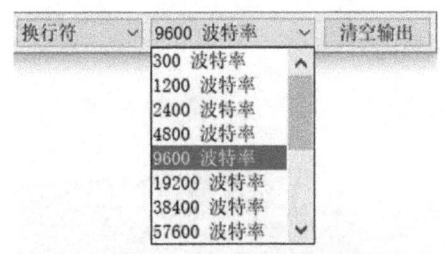

图3-23 串口通信波特率设置

语句 Serial. begin() 括号中的值必须与串口监视器中的设置保持一致，才能正确显示串口通信内容，否则会出现乱码。

2. 串口打印函数的应用

函数 serial. println() 的功能是将参数输出到串口，并回车换行。参数最终以 ASCII 码形式输出到串口监视器中。这个函数括号内的参数可以是字符串等类型的常量，也可以是各种类型的变量。

函数 serial. print() 的功能与之类似，只是每次将参数输出到串口后，不换行，下一次输出的参数将在同一行继续显示。

3.7 流水灯效果的实现

流水灯效果是指点亮第 1 个 LED 并保持点亮状态一段时间后熄灭；然后点亮其旁边的第 2 个 LED 亮保持点亮状态一段时间后熄灭。如此继续，直至熄灭最后一个 LED 后，回到初始状态，重新点亮第一个 LED，如此循环运行。

【任务3.5】使用遍历循环结构实现流水灯效果

任务要求描述

从 D3 口开始依次插上 6 个发光二极管，编写文本代码轮流点亮和熄灭这 6 个发光二极管，实现流水灯效果。

控制电路连接

本电路包含的电子元器件包括：3mm 发光二极管（颜色随机，6 个），Arduino UNO 控制板（1 块）。

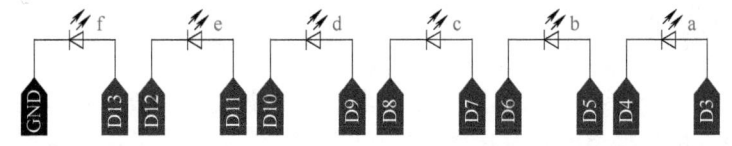

图3-24 流水灯的控制电路连接示意图

因为 Arduino UNO 控制板已经焊接好排母，所以可以直接将发光二极管插接在对应端子排母上，连接后的电路效果如图 3-25 所示。

图 3-25　流水灯的控制电路连接效果

☆ **控制程序上传**

文本编程中，遍历循环结构对应的控制语句是 for 语句。使用 for 语句时，需要明确遍历过程的初始值、目标值及遍历步长，完整的控制程序如图 3-26 所示。

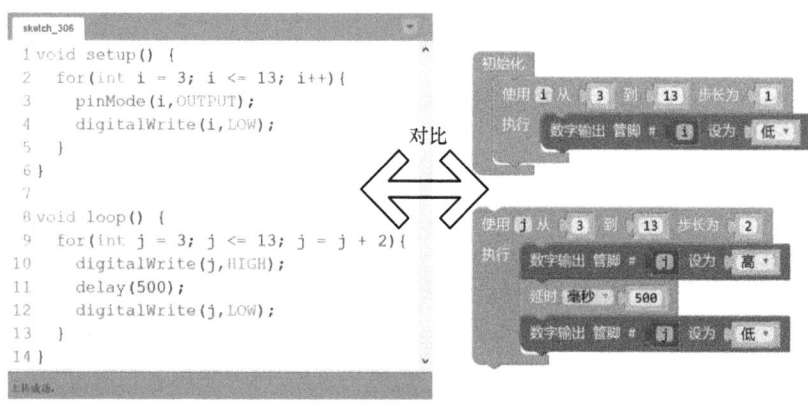

图 3-26　使用 for 语句实现流水灯效果的程序

运行效果查看

请使用手机扫描二维码查看运行效果。

控制程序解析

因为遍历循环中的初始值、目标值和遍历步长的数据类型一般都是整数，所以示例程序中的变量 i 和变量 j 的数据类型都为 int 整型。

因为涉及了端子 3~13 共 11 个数字端子，所以文本编程的第 2 行设置了初始值是"3"，目标值是"13"，遍历步长是"1"。在这个遍历循环中，将编号为 3~13 的每个数字端子都设置为输出模式，且处于低电平状态。

文本编程的第 9 行中，则设置了初始值是"3"，目标值是"13"，遍历步长是"2"，这个遍历循环，逐次将端子 3、5、7、9、11、13 这 6 个端子设置为高电平状态，从而实现依次使分别与这些端子相连的发光二极管亮。第 11 行的 delay 函数保证每轮被亮的发光二极管都能保持亮 0.5s，第 12 行代码将已点亮的发光二极管熄灭。

【任务 3.6】使用重复循环结构实现流水灯效果

任务要求描述

使用文本编程中的重复结构实现与任务 3.5 示例同样的流水灯效果。

控制电路连接

本任务继续使用图 3-24 所示的流水灯的控制电路连接方式。

控制程序上传

文本编程中，重复循环结构对应的控制语句是 while 语句。while 语句中，小括号内的判断条件成立时，一直执行语句中大括号里的内容，完整的控制程序如图 3-27 所示。

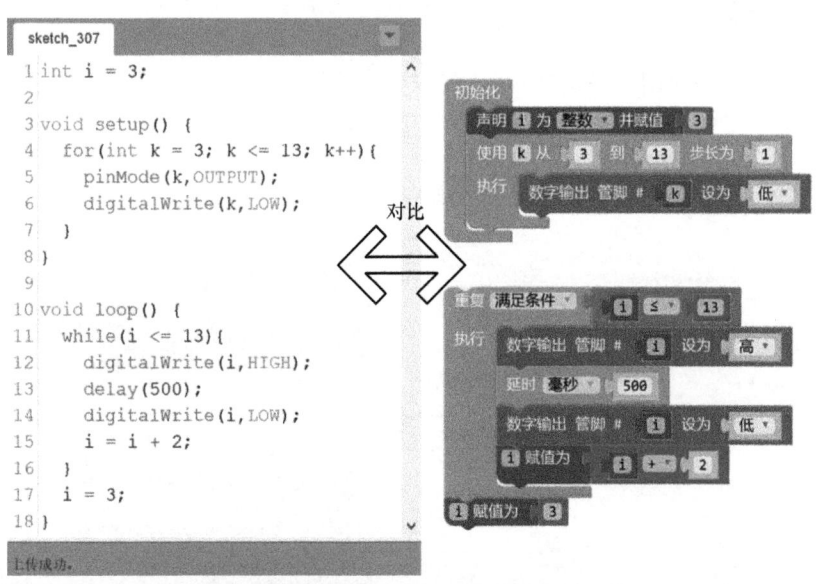

图 3-27　使用 while 语句实现流水灯效果的程序

运行效果查看

请使用手机扫描二维码查看运行效果。

控制程序解析

文本编程中第 11~16 行代码是 while 语句块的内容，第一次运行 while 语句时，变量 i 的值为 "3"，符合条件 "i<=13"，所以进入大括号内的语句块。运行第 15 行代码后，变量 i 的值变成 "5"。然后因为 "5<=13"，继续第二次运行 while 语句。一直第 6 次运行 while 语句后，i 的值继续被累加变成 15，这时 "15<=13" 不成立，不能再次进入 while 语句块。于是程序继续往后运行第 17 行代码，重新给变量 i 赋值 "3"，接着重新开启下一轮的 loop 循环。

使用循环结构时，是在添加的循环结构中（如本示例的 while 语句块内）实现第一轮流水灯效果后跳出循环，然后由 loop 循环作用下重新进入所添加的循环结构中继续第二轮循环，如此不断重复，从而看到不停歇的流水灯效果。

【任务 3.7】使用选择结构实现流水灯效果

任务要求描述

使用文本编程中的选择结构实现与任务 3.5 示例同样的流水灯效果。

控制电路连接

本任务继续使用图 3-24 所示的流水灯的控制电路连接方式。

控制程序上传

文本编程中，可以使用 if 语句实现选择结构。if 语句中，小括号内的判断条件成立时，会执行语句中大括号里的内容一次，完整的控制程序如图 3-28 所示。

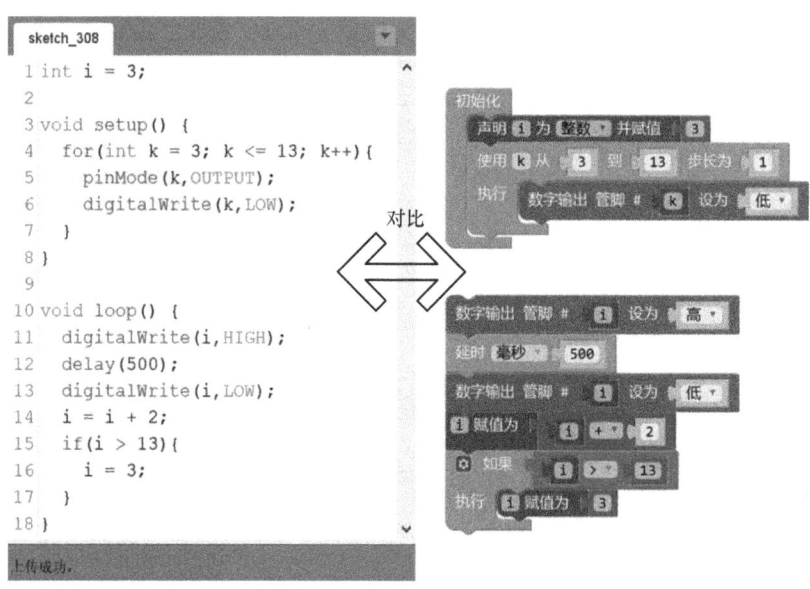

图 3-28　使用 if 语句实现流水灯效果的程序

运行效果查看

请使用手机扫描二维码查看运行效果。

控制程序解析

本示例中，第1次执行loop循环时，变量i的值是"3"，第11行代码使数字端子3输出高电平（使与端子3相连的发光二极管亮），第12行代码则让这种高电平状态持续0.5s（让此发光二极管保持亮状态0.5s），第13行代码让数字端子3输出低电平（熄灭与端子3相连的发光二极管），第14行代码让变量i的值变成"5"，这时i的值还不能满足第15行代码中if语句的条件，不能继续执行第16行代码。

第2次执行loop循环时，此时变量i的值是"5"，第11行代码让数字端子5输出高电平（使与端子5相连的发光二极管亮），第12行代码则让这种高电平状态持续0.5s（让此发光二极管保持亮状态0.5s），第13行代码让数字端子5输出低电平（熄灭与数字端子5相连的发光二极管），第14行代码让变量i的值变成"7"，这时i的值不满足第15行代码中if语句的条件，不能继续执行第16行代码。

如此继续，一直到第6次执行loop循环时，执行完第14行代码后，变量i的值变成"15"，满足第15行代码中if语句的条件，于是继续执行第16行代码，重新将变量i的值设置为"3"，然后继续下一次的loop循环。

项目 4

Arduino 的输入与输出

4.1 数字输出

若端子为数字输出模式时，它有低电平（0V）和高电平（5V）两个状态。本节示例程序将通过串口发送指令，控制输出端子这两个状态的切换。

【任务4.1】控制输出端子状态

任务要求描述

对从串口读取到的信息进行判断处理，实现对板载"L"灯点亮或熄灭的控制。

控制电路连接

本任务仅需要 1 块 Arduino UNO 控制板，不需要额外连接外围控制电路。

控制程序上传

示例程序中将用到串口信息读取指令"Serial. read（）"，每次调用它时，能够读取串口发送过来的 1B（字节）的数据，完整的控制程序如图 4-1 所示。

运行效果查看

示例程序运行后，通过串口监视器输入框输入字符"a"并单击"发送"，Arduino UNO 控制板上的"L"灯将点亮；输入字符"b"并单击"发送"，Arduino UNO 控制板上的"L"灯将熄灭，操作流程如图 4-2 所示。

为了更清晰地获取输出端子的电平信号，可以借助万用表。首先将万用表调节到直流电压 0~20V 量程，黑色表笔通过杜邦线连接 Arduino 板上的端子 GND，红色表笔则通过杜邦线连接 Arduino 板上的端子 13，如图 4-3 所示。

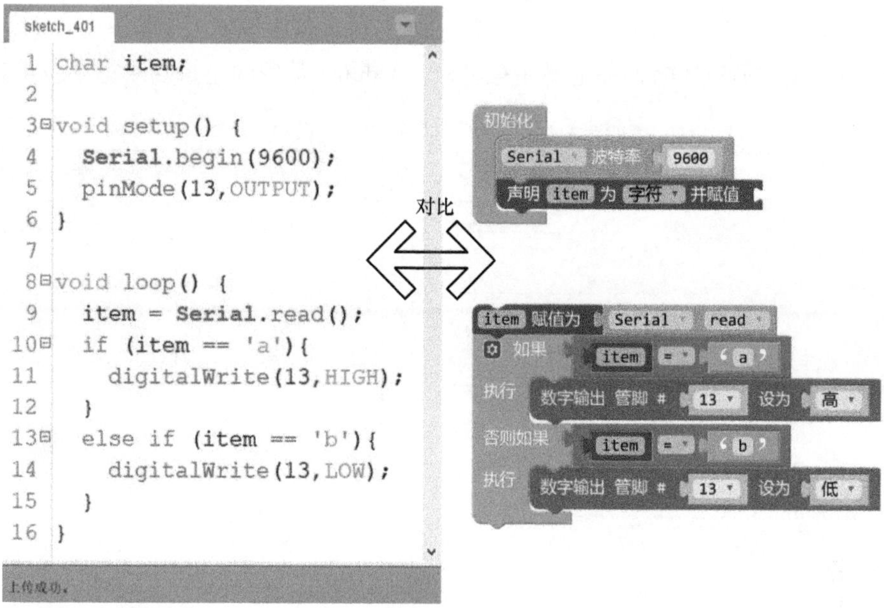

```
sketch_401
1  char item;
2
3  void setup() {
4      Serial.begin(9600);
5      pinMode(13,OUTPUT);
6  }
7
8  void loop() {
9      item = Serial.read();
10     if (item == 'a'){
11         digitalWrite(13,HIGH);
12     }
13     else if (item == 'b'){
14         digitalWrite(13,LOW);
15     }
16 }
上传成功。
```

对比

初始化
Serial 波特率 9600
声明 item 为 字符 并赋值

item 赋值为 Serial read
如果 item = 'a'
执行 数字输出 管脚 # 13 设为 高
否则如果 item = 'b'
执行 数字输出 管脚 # 13 设为 低

图 4-1　串口监视器控制 "L" 灯亮灭的控制程序

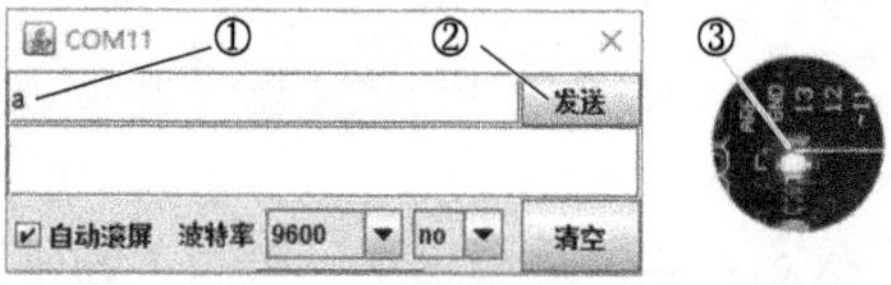

COM11　①　②　×　③
a　发送
☑ 自动滚屏　波特率 9600 ▼　no ▼　清空

图 4-2　串口监视器控制 "L" 灯操作流程

图 4-3　万用表测量数字端子信号

请使用手机扫描二维码查看运行效果。

控制程序解析

如图 4-1 所示，示例程序的第 1 行代码先设定了一个文本型变量 "item"，并在循环执行部分的第 9 行代码中，将串口读取的内容赋值给它。接着使用了选择结构对 item

的值进行逻辑判断，若其值为 a，则点亮"L"灯；若为 b，则熄灭"L"灯。

示例程序中文本代码的第 10 行和第 13 行，使用到了逻辑判断符"＝＝"，它与赋值运算符"＝"作用是完全不一样的，一定要注意区分。Arduino 常用的逻辑判断符见表 4-1。

表 4-1 Arduino 常用的逻辑判断符

符 号	描　　述	示　　例	示例返回结果
<	小于	1<2 2<2	真 假
<=	小于等于	2<=2 2<=3	真 真
>	大于	2>1 2>2	真 假
>=	大于等于	2>=2 3>=2	真 真
==	等于	2==2 1==2	真 假
!=	不等于	2!=2 1!=2	假 真
&&	逻辑与（符号两边的条件同时满足）	2==2&&1==2 3==3&&2==2	假 真
‖	逻辑或（符号两边的条件只要有一个满足即可）	2==2‖1==2 3==3‖2==2	真 真

Arduino UNO 控制板除了端子 0~13 可以作为数字输出端子外，端子 A0~A5 也可以设置为数字输出模式，这时 A0~A5 对应的端子号是 14~19，例如 pinMode(15，OUTPUT)。

4.2　数字输入

数字输入其实就是检测控制板某个端子的电平状态。如果是高电平，则表示输入值为"1"；如果是低电平，则表示输入值为"0"。对于 Arduino UNO 控制板，若检测到端子电压小于 2.5V，则读取值为 0；若检测到端子电压大于 2.5V，则读取值为 1。

【任务 4.2】数字输入信号的读取

任务要求描述

编写控制程序，读取数字输入信号。

🔧 控制电路连接

将一根杜邦线（两端都是插头，建议长度在 20cm 以上）连接 Arduino UNO 控制板的数字端子 6。

⭐ 控制程序上传

在 setup 函数中将这个端子设为输入模式，然后使用函数 digitalRead 读取该端子的电平状态，并通过串口打印显示出来。完整的控制程序如图 4-4 所示。

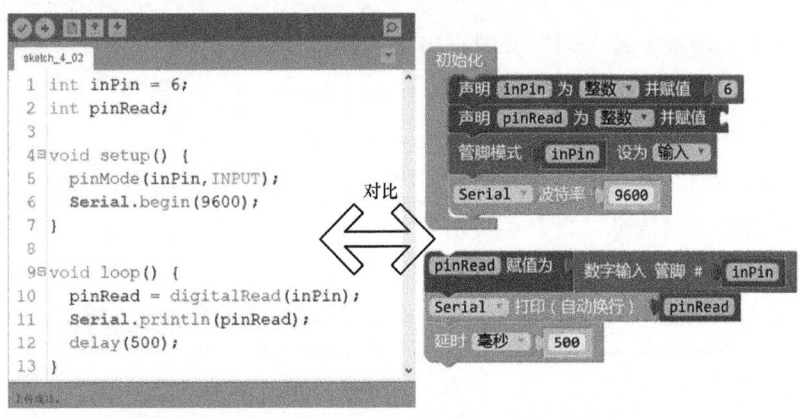

图 4-4　串口监视器打印数字输入信号的控制程序

✋ 运行效果查看

上传程序后，打开串口监视器，然后用手捏住杜邦线另外一端（图 4-5），可以看到串口监视器显示内容在 0 和 1 之间随机切换。

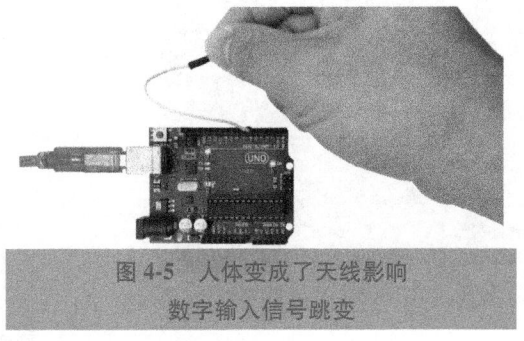

图 4-5　人体变成了天线影响
数字输入信号跳变

请使用手机扫描二维码查看运行效果。

🚗 控制程序解析

物理空间充满了各种电磁干扰，用手握住杜邦线时，人体就充当了收集电磁干扰信号的天线，并将复杂的电平变化通过杜邦线传送给控制板的端子6。因此，串口监视器中显示的端子6电平信号一直在0和1之间跳变。

若将杜邦线连接GND端子，Arduino控制板读取到低电平信号，串口监视器显示的数字将变为持续的"0"；若连接+5V端子，Arduino控制板读取到高电平信号，串口监视器显示的数字将变为持续的"1"。

【任务4.3】开关信号的读取

🔖 **任务要求描述**

给一个按钮开关增加上拉电阻，并通过串口监视器读取开关信号。

🔧 **控制电路连接**

在实际应用场景中一般是用一个开关替换任务4.2示例中的杜邦线，如图4-6所示。

但是就如前面看到的情况，当开关没有被按下时，这根线是断开的，数字端子6接收到的信号就很可能受周围环境中的电磁波干扰，造成输入信号跳变。因此，通常在开关连接电路中增加一个"上拉电阻"。一般可以选择阻值为10kΩ的电阻作为上拉电阻，具体连接情况如图4-7所示。

图4-6 连接开关后的Arduino控制板

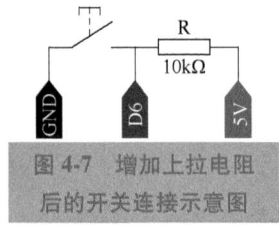

图4-7 增加上拉电阻后的开关连接示意图

连接上拉电阻后，当断开开关时，因为上拉电阻的作用，端子6的电平被上拉到5V；当接通开关时，有约0.5mA的电流流经上拉电阻，端子6检测到的电平值变为0V。开关电路中增加上拉电阻后，Arduino控制板检测到的输入电平不会因为开关处于断开状态而受外界电磁干扰变得忽高忽低。增加上拉电阻后的开关连接效果如图4-8所示。

图 4-8　增加上拉电阻后的开关连接效果

☆ **控制程序上传**

本示例控制程序与任务 4.2 的程序类似，只是在文本代码第 1 行中使用了"#define"指令设置端子对应变量名称，完整的控制程序如图 4-9 所示。

```
sketch_403
1 #define inPin 6
2 int pinRead;
3
4 void setup() {
5   pinMode(inPin,INPUT);
6   Serial.begin(9600);
7 }
8
9 void loop() {
10   pinRead = digitalRead(inPin);
11   Serial.println(pinRead);
12   delay(500);
13 }
保存完成。
```

对比

```
初始化
  声明 inPin 为 整数 并赋值 6
  声明 pinRead 为 整数 并赋值
  管脚模式 inPin 设为 输入
  Serial 波特率 9600

pinRead 赋值为 数字输入 管脚 # inPin
Serial 打印（自动换行） pinRead
延时 毫秒 500
```

图 4-9　读取开关信号的控制程序

✌ **运行效果查看**

上传程序后，打开串口监视器，按下开关（接通电路）可以看到串口监视器会一直显示数字"0"，松开开关（断开电路）会看到串口监视器一直显示数字"1"。

请使用手机扫描二维码查看运行效果。

控制程序解析

文本代码第 1 行，"#define" 指令的作用是将一个名称和一个字符串绑定在一起，后面出现这个名称之处都是指代被绑定的字符串。"#define" 指令在 Arduino 控制程序中经常被用于定义某个端子编号对应的名称。

程序运行后，按下开关时，电路被接通，Arduino 控制板的数字端子 6 接地，读取到的电平值为 0；松开开关时，数字端子 6 断开接地，读取到的电平值为 1。

【任务 4.4】开关信号控制 LED 亮灭

添加上拉电阻后可以解决信号跳变的问题，但却需要在外围电路额外增加电阻，比较麻烦。其实，Arduino 控制板为每个数字端子内置了上拉电阻，但需要通过相关语句激活使用。

任务要求描述

激活输入端子的内部上拉电阻，从而实现让一个按钮开关控制板载 "L" 灯的亮灭。

控制电路连接

本任务继续使用图 4-6 所示的连接方式。

控制程序上传

在 setup 函数中加上 "pinMode（端子号，INPUT_PULLUP）"，或是在米思齐程序中将管脚模式设置为 "管脚模式 inPin 设为 上拉输入"，则可以激活内部上拉电阻。完整的控制程序如图 4-10 所示。

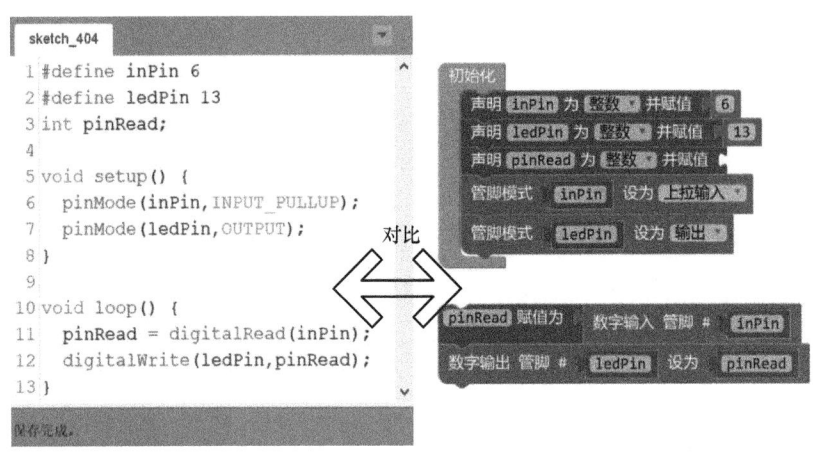

图 4-10 开关信号控制 LED 亮灭的控制程序

运行效果查看

请使用手机扫描二维码查看运行效果。

控制程序解析

文本代码第 6 行，"INPUT_PULLUP"的作用是将端子模式设置为内部上拉的输入模式，激活芯片内部上拉电阻。

文本代码第 11 行，变量 pinRead 从端子 6 读取到的电平值只能是"0"或"1"。因此，文本代码第 12 行的 digitalWrite（）函数可以设置电平状态为"HIGH"或"LOW"。当然也可以用数字"1"表示"HIGH"，用数字"0"表示"LOW"。因此，若接通开关，pinRead 的值为"0"，这个 digitalWrite() 函数将把端子 13 设置为低电平，熄灭"L"灯；若断开开关，pinRead 的值为"1"，这个 digitalWrite() 函数将把端子 13 设置为高电平，点亮"L"灯。

如果要实现按下开关点亮"L"灯、松开开关熄灭"L"灯的效果，可以将文本代码第 12 行修改为"digitalWrite（ledPin,！pinRead）;"，也就是在 pinRead 的值前面加上一个感叹号（取反符号），这样就可以在按下开关时，把读取到的低电平信号（0）取反变成高电平信号（1），并通过 digitalWrite() 函数的作用点亮"L"灯。反之，则熄灭"L"灯。

4.3　模 拟 输 出

生活中接触到的很多信号，例如环境温度、声音等，都是模拟信号。模拟信号是指用连续变化的物理量表示的信息，其信号的幅度或频率或相位随时间连续变化。但实际上，单片机通常需要把模拟信号转换成数字信号使用。数字信号指离散变化的信号，一般是在模拟信号的基础上经过采样、量化和编码而形成的。可以通过指针式和数显式电子时钟来理解模拟信号与数字信号的区别，如图 4-11 所示。

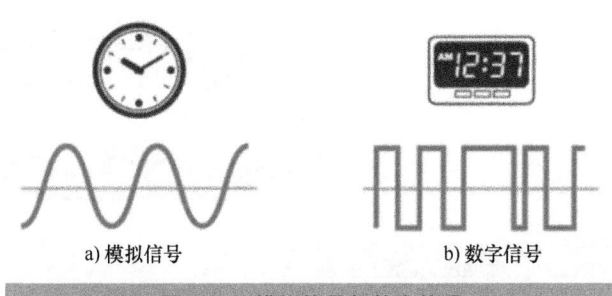

a) 模拟信号　　　　　　　　　　b) 数字信号

图 4-11　模拟信号与数字信号

Arduino UNO 控制板上的数字 I/O 端子 3、5、6、9、10 和 11 的前面都标有"~"符号，这是指这些端子具有模拟输出功能。

【任务 4.5】模拟输出信号的读取

任务要求描述

使用万用表读取 Arduino 控制板的模拟输出信号。

控制电路连接

将万用表调到直流 20V 档位，红、黑表笔分别连接 Arduino UNO 控制板的端子 11 和端子 GND，如图 4-12 所示。

图 4-12　万用表测量模拟输出信号

控制程序上传

本示例代码将使用到模拟信号输出函数 analogWrite，完整的控制程序如图 4-13 所示。

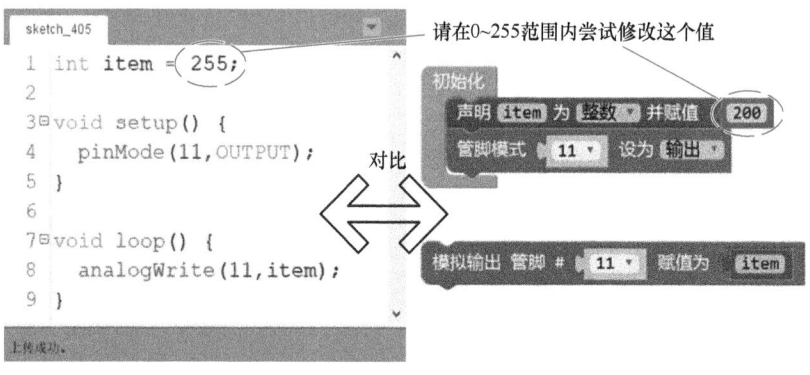

图 4-13　输出模拟信号的控制程序

运行效果查看

请使用手机扫描二维码查看运行效果。

控制程序解析

当修改程序中变量 item 的值时，可以看到万用表的读数随着值的不同而变化。当该变量的值为"0"时，万用表读数为 0V；当该变量的值为"255"时，万用表读数为最大值（约

5V）；当该变量为其他值"x"时，万用表读数约为（x/51）V。

为什么出现这样的现象呢？原来 Arduino 并不能输出真正的模拟信号，但可以通过 PWM（Pulse width modulation，脉冲宽度调制）的方式来实现输出模拟信号的效果。Arduino 输出的 PWM 信号为频率固定（约 490Hz）的方波，通过改变信号每个周期高、低电平所占的比例（占空比），可以得到近似输出不同电压的效果，如图 4-14 所示。

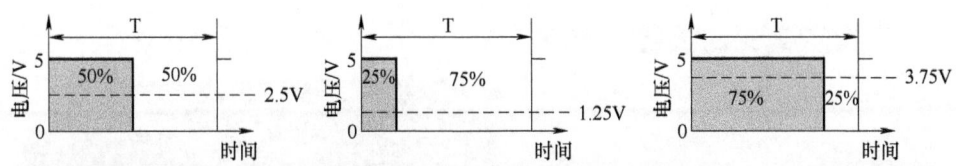

图 4-14 不同占空比的 PWM 输出信号

【任务 4.6】呼吸灯效果的实现

如果仅是改变施加到发光二极管两端的电压，则在电压到达发光二极管工作电压之前 LED 根本不亮，超过工作电压后发光二极管很快变到最亮，很难实现发光二极管亮度的线性控制。因此通过 PWM 方式来控制发光二极管亮度，可以改变其点亮的平均时长，能较好地看到亮度逐渐变化的效果。

与前面直接将发光二极管插入 Arduino 控制板排母不同，为了更好实现发光亮度变化的效果，需要在发光二极管一端串联一个限流电阻。

📋 任务要求描述

编写控制程序实现呼吸灯的效果。

🔧 控制电路连接

本电路（图 4-15）包含的电子元器件有：220Ω 电阻（1 个），3mm 发光二极管（1 个），面包板（1 块），杜邦线（若干），Arduino UNO 控制板（1 块）。

按示意图连接后的电路效果如图 4-16 所示。

图 4-16 呼吸灯的控制电路连接效果

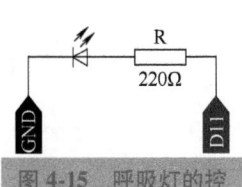

图 4-15 呼吸灯的控制电路连接示意图

⭐ **控制程序上传**

发光二极管缓缓变亮，然后缓缓变暗，循环往复，类似于呼吸，所以称为呼吸灯效果。这个效果可以通过在遍历循环里面使用 analogWrite 函数来实现，完整的控制程序如图 4-17 所示。

```
sketch_406
1 void setup() {
2   pinMode(11,OUTPUT);
3 }
4
5 void loop() {
6   for(int i = 0; i <= 255; i++){
7     analogWrite(11,i);
8     delay(6);
9   }
10  for(int i = 255; i >= 0; i--){
11    analogWrite(11,i);
12    delay(6);
13  }
14 }
上传成功。
```

图 4-17　实现呼吸灯效果的控制程序

✎ **运行效果查看**

请使用手机扫描二维码查看运行效果。

🚗 **控制程序解析**

示例代码中使用了两个遍历循环，其中文本代码第 6~9 行，随着遍历循环变量 i 值的增大，发光二极管缓缓变亮；文本代码第 10~13 行，随着遍历循环变量 i 值的减小，发光二极管缓缓变暗。

文本代码中的 delay 函数用于控制变化速度，可以在一定范围内调节该值，从而实现最佳的呼吸灯效果。

4.4　模 拟 输 入

模拟输入端子是指带有模/数转换功能的端子，它能将外部输入的模拟信号（通常为电压信号）转换为芯片计算时可识别的数字信号，从而实现读入模拟值的功能。Arduino UNO 控制板上的 AVR 芯片可以读取精度达 10 位的模拟输入值，也就是说能将 $0\sim5V$ 的电压输入信号转换成 $0\sim2^{10}-1$（即 $0\sim1023$）的整数形式表示。

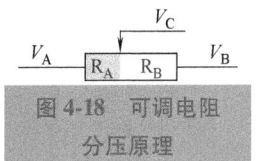

图 4-18　可调电阻分压原理

先回顾一下可调电阻两端在电路中的分压原理，如图 4-18 所示，

$$V_A = +5V, \quad V_B = 0V, \quad V_C = \frac{R_A}{R_A + R_B} \times 5V。$$

【任务 4.7】模拟输入信号的读取

任务要求描述

在串口监视器中读取模拟输入信号。

控制电路连接

本电路（图 4-19）包含的电子元器件有：可调电阻（10kΩ，1 个），面包板（1 块），杜邦线（若干），Arduino UNO 控制板（1 块）。

按示意图连接后的电路效果如图 4-20 所示。

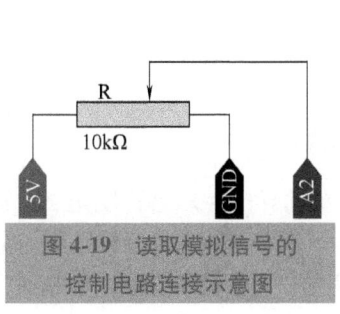

图 4-19　读取模拟信号的控制电路连接示意图

图 4-20　读取模拟信号的控制电路连接效果

控制程序上传

通过模拟信号读取函数 analogRead 来读取模拟端子 A2 的输入信号，然后通过串口打印函数将读取到的信号值显示到串口监视器中，完整的控制程序如图 4-21 所示。

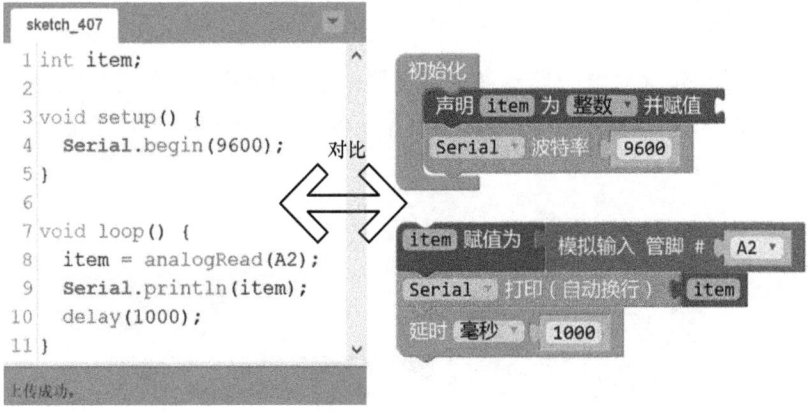

图 4-21　读取模拟输入信号的控制程序

运行效果查看

请使用手机扫描二维码查看运行效果。

控制程序解析

在文本编程模式下，模拟端子默认为输入模式，所以在使用时不需额外进行端口模式定义。因此，文本代码第 8 行的 analogRead 函数只需要定义端子编号即可。对于 Arduino UNO 控制板，只有 A0~A5 共 6 个模拟输入端子。

为了在串口监视器中更好地看清楚 item 的值，文本代码第 10 行增加了一个 delay 函数，控制变量 item 值的显示更新周期为 1s。

【任务 4.8】发光二极管亮度调节的实现

传统白炽灯的亮度调节一般是通过在电流回路中串联一个可调电阻的方法来实现的，如图 4-22 所示。但这种方法并不适合发光二极管的亮度调节。

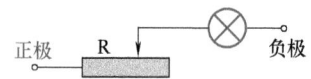

图 4-22　白炽灯亮度调节电路

发光二极管与普通二极管都是由一个 PN 结组成的，具有单向导电性。当给发光二极管加上正向电压后，从 P 区注入 N 区的空穴和由 N 区注入 P 区的电子，在 PN 结附近数微米内分别与 N 区的电子和 P 区的空穴复合，产生自发辐射的荧光。所以发光二极管调节亮度一般是通过调整通过它的电流大小得到的，而且亮度调节过程应使其两端电压在一个比较稳定的范围。

任务要求描述

读取一个可调电阻的模拟输入信号，并使用这个信号实现发光二极管的亮度调节。

控制电路连接

本电路（图 4-23）包含的电子元器件有：可调电阻（10kΩ，1 个），电阻（220Ω，1 个），3mm 发光二极管（1 个），面包板（1 块），杜邦线（若干），Arduino UNO 控制板（1 块）。

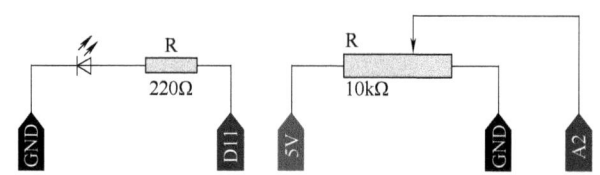

图 4-23　调节发光二极管亮度的控制电路连接示意图

发光二极管、限流电阻及可调电阻都插到面包板上，连接完成后的电路效果如图 4-24 所示。

图 4-24　调节发光二极管亮度的控制电路连接效果

☆ 控制程序上传

通过 analogRead 函数读取模拟端子输入的信号，并以此信号控制连接到端子 11 的 PWM 输出值，从而实现发光二极管的亮度调节，完整的控制程序如图 4-25 所示。

```
sketch_408
1 int item,val;
2
3 void setup() {
4
5 }
6
7 void loop() {
8     item = analogRead(A2);
9     val = map(item, 0, 1023, 0, 255);
10    analogWrite(11,val);
11 }
上传成功。
```

对比

初始化
声明 item 为 整数 并赋值
声明 val 为 整数 并赋值

item 赋值为　模拟输入 管脚 # A2
val 赋值为　映射 item 从 [0 , 1023] 到 [0 , 255]
模拟输出 管脚 # 11 赋值为 val

图 4-25　调节发光二极管亮度的控制程序

📖 运行效果查看

打开串口监视器，旋转可调电阻，可以观察 LED 亮度变化和串口监视器中输入值的变化。

请使用手机扫描二维码查看运行效果。

🚗 控制程序解析

文本代码第 1 行，当同时定义两个或多个数据类型相同的变量时，可以采用这种定义方式。注意，变量名和变量名之间使用逗号分隔。

文本代码第 9 行，使用 map 函数将输入值范围从 0~1023 转换到输出值范围 0~255。这个 map 函数（也称为等比映射函数），可以用来将某一数值从一个区间等比映射到一个新的区间。输出值 = map（实际输入值，最小初始值，最大初始值，最小输出值，最大输出值）。

文本代码第 10 行，analogWrite 函数将经过 map 函数转换后的输出值 val 转换成 PWM 信号输出，实现发光二极管亮度调节的控制。

项目 5

Arduino 编程语言进阶

5.1 一位数码管的工作原理

数码管是一种可以显示数码的电子器件。根据其显示数字的位数，通常有一位数码管、二位数码管、四位数码管等，如图 5-1 所示。

图 5-1 数码管外观

数码管一般分成 8 个字段，每个字段都是一个独立的发光单元，通过控制各发光单元的亮与灭，可以组合显示不同的数字。按各发光单元的连接方式不同，数码管可分为共阳极数码管和共阴极数码管。共阳极数码管是指将每个发光单元的正极都接到一起形成公共端的数码管（图 5-2a），使用共阳极数码管时应将公共端 COM 接到电源正极，当控制某一字段发光单元（通常为发光二极管，LED）的负极为低电平时，相应字段点亮；负极为高电平时，相应字段熄灭。

类似地，共阴极数码管是指将所有发光单元的负极接到一起形成公共端的数码管（图 5-2b），使用共阴极数码管时应将公共端 COM 接到电源负极（GND），当控制某一字段发光单元的正极为高电平时，相应字段就点亮；正极为低电平时，相应字段熄灭。

本项目开始，为了方便电路连接，经常会使用到一个叫"面包板"的元件。"面包板"的得名可以追溯到真空管电路时期，当时的电路元器件大都体积较大，人们通常通过螺钉将它们固定在一块切面包用的木板上进行连接，此木板即称为"面包板"，后来电路元器件体积越来越小，但"面包板"的名称沿用了下来。

现在常用的面包板整板一般使用热固性酚醛树脂制造，板底有金属条，在板上对应位置

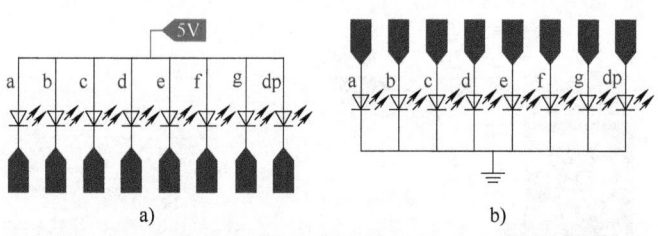

图 5-2　共阳极数码管与共阴极数码管的连接方式

打孔，使得元器件插入孔中时能够与金属条接触，从而达到导电的目的。如图 5-3 所示，一般将每一竖列的 5 个孔用一根金属条连接导电（板子中央一般由一条凹槽隔开）；板子两侧各有横向的两行插孔（5 个一组），每行用一条金属条连接导电，两侧横排插孔一般用于给板上的元器件提供电源（通常一行接正极，一行接负极）。

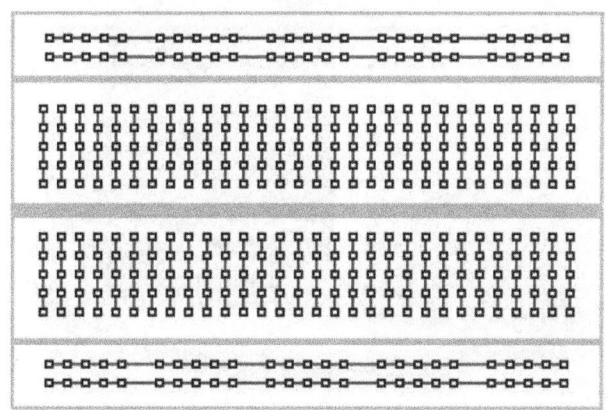

图 5-3　面包板内部电路连接方式

【任务 5.1】控制数码管显示数字

🖊 任务要求描述

控制一个共阳极数码管显示数字"0""1""2"，每个数字显示 1s 后，熄灭所有字段，然后显示下一个数字。

🐎 控制电路连接

本电路（图 5-4）包含的电子元器件有：电阻（220Ω，8 个），数码管（0.56in，一位共阳极，1 块），面包板（1 块），杜邦线（两端都是插头，若干），Arduino UNO 控制板（1块）。

先用电阻和跳线把点阵下面的接线端子引出来，如图 5-5 所示。

然后把数码管插入面包板，并用杜邦线把接线端子连接到 Arduino UNO 控制板，完成后的电路效果如图 5-6 所示。

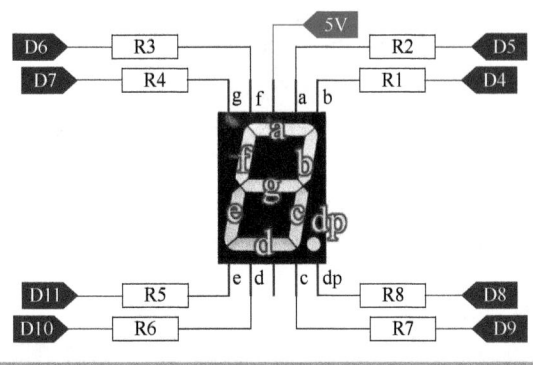

图 5-4 一位数码管的控制电路连接示意图

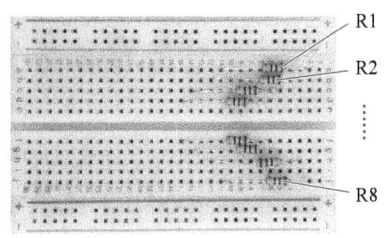

图 5-5 数码管底部电阻的连接方式

图 5-6 一位数码管的控制电路连接效果

☆ 控制程序上传

　　按照图 5-6 完成电路连接后，若想显示数字"0"，需要点亮数码管 a、b、c、d、e 和 f 共6 个字段；若想要示数字"1"，需要点亮数码管 b 和 c 共 2 个字段；若想显示数字"2"，需要点亮数码管 a、b、g、e 和 d 共 5 个字段。数码管显示数字 0~9 需要点亮的字段及与这些字段连接的 Arduino 控制板端子号关联情况见表 5-1。

表 5-1 显示数字点亮字段及控制板端子号对应关系

数字	数码管需要亮的字段	Arduino 控制板对应端子号	数字	数码管需要亮的字段	Arduino 控制板对应端子号
0	a、b、c、d、e、f	5、4、9、10、11、6	5	a、f、g、c、d	5、6、7、9、10
1	b、c	4、9	6	a、f、e、d、c、g	5、6、11、10、9、7
2	a、b、g、e、d	5、4、7、11、10	7	a、b、c	5、4、9
3	a、b、g、c、d	5、4、7、9、10	8	a、b、c、d、e、f、g	5、4、9、10、11、6、7
4	f、g、b、c	6、7、4、9	9	g、f、a、b、c、d	7、6、5、4、9、10

因为使用的是共阳极数码管，要想点亮某个字段，需要使用 digitalWrite( ) 函数控制该字段对应端子为低电位，完整的控制程序如图 5-7 所示。

```
sketch_501
1  /*本程序控制一位数码管实现循环显示数字"1"、"2"、"3"
2  电路连接情况: g->D7,f->D6,a->D5,b->D4,e->D11,d->D10,c->D9,dp->D8*/
3  void setup() {
4    for(int i = 4; i <= 11; i++){
5      pinMode(i,OUTPUT);
6      digitalWrite(i,HIGH);
7    }
8  }
9
10 void loop() {
11   digitalWrite(5,LOW);   //点亮a字段
12   digitalWrite(4,LOW);   //点亮b字段
13   digitalWrite(9,LOW);   //点亮c字段
14   digitalWrite(10,LOW);  //点亮d字段
15   digitalWrite(11,LOW);  //点亮e字段
16   digitalWrite(6,LOW);   //点亮f字段
17   delay(1000);
18   for(int i = 4; i <= 11; i++){
19     digitalWrite(i,HIGH);
20   }
21
22   digitalWrite(4,LOW);   //点亮b字段
23   digitalWrite(9,LOW);   //点亮c字段
24   delay(1000);
25   for(int i = 4; i <= 11; i++){
26     digitalWrite(i,HIGH);
27   }
28
29   digitalWrite(5,LOW);   //点亮a字段
30   digitalWrite(4,LOW);   //点亮b字段
31   digitalWrite(7,LOW);   //点亮g字段
32   digitalWrite(11,LOW);  //点亮e字段
33   digitalWrite(10,LOW);  //点亮d字段
34   delay(1000);
35   for(int i = 4; i <= 11; i++){
36     digitalWrite(i,HIGH);
37   }
38 }
```

图 5-7　一位数码管的控制程序

 运行效果查看

请使用手机扫描二维码查看运行效果。

控制程序解析

1. 注释的类型、作用

注释也是程序的组成部分，但它本身没有控制指令的功能。注释的作用是提醒程序阅读者其所对应代码的意义或需要注意的事项，它在程序编译过程中会被完全忽略。

注释一般分为单行注释和多行注释两种类型：

（1）多行注释用"/*"开头，并用"*/"结束。

（2）单行注释用"//"开头，换行即结束该注释。

多行注释一般用于对程序的整体说明或对其中多行语句的备注，如图 5-7 所示示例代码第 1~2 行"/*"和"*/"之间的内容。单行注释多用于对该行代码进行简单注释，如图 5-7

所示示例代码第 11 行"//"后面的内容。

实际应用中，一般写得比较好的控制程序条理清晰，只需少量注释就能很好理解程序逻辑。一般认为使用注释是出于以下几点考虑。

（1）用于教学例程，如本书很多注释都是为了便于初学者理解控制程序。

（2）给程序添加备忘录，如示例代码第 2 行，提醒每个端子对应控制的字段。

（3）注释某些容易混淆的变量等。

2. 遍历循环的巧妙运用

本示例中需要使用到 Arduino 控制板的数字端子多达 8 个，在初始化时需要逐个将其设置为输出模式，并将其设置为高电位状态（确保屏幕在初始状态所有笔画都不被点亮）。如示例中第 4~7 行代码，使用 for 语句遍历每个需要控制的数字端子（4~11），并将其值赋给语句"pinMode(i, OUTPUT)""digitalWrite(i, HIGH)"中的变量 i。这样将原本 16 行的代码量简化成了 4 行，大大减少了冗余代码。

3. 其他语句解析

示例代码中的第 18~20 行、第 25~27 行、第 35~37 行都是使用遍历循环结构将与数码管连接的所有 Arduino 端子设置为高电位，清空数码管原有显示内容。

第 17、24 和 34 行代码，则是让点亮的字段保持显示 1s。

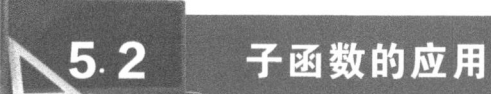

5.2 子函数的应用

子函数是程序中的某部分代码，由一个或多个语句块组成。子函数一般负责完成某项特定任务，与程序中其他代码相较，具有相对的独立性，如 Arduino 的内建函数 digitalWrite 和 delay。所有被定义的子函数都可以在 sketch 中的任何位置被调用，当子函数运行完成后，主程序将继续运行调用函数后面的语句。

使用子函数可以按照功能实现对语句块进行归类，增强程序可读性，便于维护和修改。

【任务 5.2】添加子函数

任务要求描述

控制程序中添加子函数，同样实现让板载"L"灯以点亮 1s、熄灭 1s 的频率进行闪烁的效果。

控制电路连接

本任务仅需要 1 块 Arduino UNO 控制板，不需要额外连接外围控制电路。

控制程序上传

创建 ledBlink 子函数，将原本 loop 循环中的"digitalWrite( )"和"delay( )"语句转移到子函数内。在 loop 循环中直接通过调用 ledBlink 函数实现同样的闪烁效果，完整的控制程序如图 5-8 所示。

```
sketch_502
1  int ledPin = 13;
2  int delayTime = 1000;
3
4  void setup() {
5    pinMode(ledPin,OUTPUT);
6  }
7
8  void loop() {
9    ledBlink();   //调用子函数ledBlink
10 }
11 /*定义子函数ledBlink
12 作用：实现LED闪烁*/
13 void ledBlink(){
14   digitalWrite(ledPin,1);
15   delay(delayTime);
16   digitalWrite(ledPin,0);
17   delay(delayTime);
18 }
```

图 5-8　添加子函数控制程序

 **运行效果查看**

请使用手机扫描二维码查看运行效果。

控制程序解析

1. 子函数的创建

Arduino 程序中有两个必需的函数，即 setup() 和 loop()，其他函数必须在这两个函数的括号之外创建。本书只涉及无返回值的子函数，所以使用 void 限定子函数 ledBlink 不需要返回值，如第 13 行代码所示。

此外，由于本示例中的子函数不需要传递参数，所以子函数名称"ledBlink"后面小括号内为空即可。第 14~17 行代码就是实现该子函数功能的具体语句。

2. 子函数的调用

ledBlink 函数被创建后，可以在同一个 sketch 中的任何地方使用语句"ledBlink()"来调用它。例如示例代码第 9 行，语句"ledBlink()"指代了第 14~17 行所有语句。

3. digitalWrite 函数的另外一种表达方式

如示例代码第 14、16 行所示，digitalWrite（端口编号，电位状态）函数中，电位状态除了可以用 HIGH 表示高电位、LOW 表示低电位外，也可以用数字 1 表示高电位、数字 0 表示低电位。所以函数 digitalWrite（ledPin，1）表示将 ledPin 指代的端子设置为高电位（在本示例中点亮板载"L"灯）；函数 digitalWrite（ledPin，0）则表示将 ledPin 指代的端子设置为低电位（在本示例中熄灭板载"L"灯）。

【任务 5.3】为子函数添加传递参数

如果能在调用子函数时，通过参数赋值灵活修改它内部一些变量的值，那么子函数就能满足更多的应用场景。

 **任务要求描述**

控制程序中添加带传递参数的子函数，实现第一次调用时让板载"L"灯以点亮1s、熄灭1s的频率进行闪烁；第二次调用时让板载"L"灯以点亮0.5s、熄灭0.5s的频率进行闪烁，并不断重复的效果。

控制电路连接

本任务仅需要1块Arduino UNO控制板，不需要额外连接外围控制电路。

控制程序上传

在调用子函数时，把板载"L"灯闪烁的间歇时间作为传递参数用于控制子函数中的变量"delayTime"，以便实现更丰富的功能。完整的控制程序如图5-9所示。

```
sketch_503
1  int ledPin = 13;
2
3  void setup() {
4    pinMode(ledPin,OUTPUT);
5  }
6
7  void loop() {
8    ledBlink(1000);  //调用子函数ledBlink，带传递参数"1000"
9    ledBlink(500);   //调用子函数ledBlink，带传递参数"500"
10 }
11 /*定义子函数ledBlink
12 作用：实现LED闪烁*/
13 void ledBlink(int delayTime){  //将传递参数赋值给局部变量delayTime
14   digitalWrite(ledPin,1);
15   delay(delayTime);
16   digitalWrite(ledPin,0);
17   delay(delayTime);
18 }
```

图5-9　为子函数添加传递参数控制程序

运行效果查看

请使用手机扫描二维码查看运行效果。

控制程序解析

1. 创建带传递参数的子函数

与任务5.2示例中创建的子函数不同的是，本示例中子函数名称后面的括号内定义了传递参数的数据类型和名称，如第13行代码所示。这个传递参数（delayTime）将影响子函数内延时函数delay的持续时间，如第15和16行代码所示。

2. 传递参数的使用

loop循环中，第1次调用子函数（如示例代码第8行）时，将数值"1000"赋给子函数ledBlink内的传递参数delayTime，板载"L"灯点亮1s、熄灭1s；第2次调用子函数（如示例

代码第9行）时，将数值500赋给子函数ledBlink内的传递参数delayTime，板载"L"灯点亮0.5s、熄灭0.5s。

3. 全局变量与局部变量的区别

在这个示例中，第1行代码声明的变量ledPin属于全局变量，它可以在程序中的任何地方使用；第13行声明的传递参数delayTime属于局部变量，它只能在所属的子函数内部使用。为了避免混淆，一般情况下不建议在同一个sketch中使用同样名称的变量。如果不可避免出现全局变量与局部变量同名称时，在局部变量的覆盖范围内，局部变量优先级更高。

局部变量delayTime只有在调用子函数ledBlink时才有意义，子函数运行完成后，该变量失去意义，因此不能在子函数ledBlink以外的地方调用该局部变量。局部变量的另外一个特点是，每次调用时其值都会被初始化。

【任务5.4】使用子函数优化一位数码管控制程序

前面介绍了子函数的定义和调用方法，本任务将使用这种方法将对一位数码管显示数字的控制程序进行优化。

任务要求描述

使用子函数简化部分控制语句，实现控制一个共阳极数码管显示数字"0""1""2"（每个数字显示1s后，熄灭所有字段，然后显示下一个数字）的效果。

控制电路连接

本任务继续使用图5-4所示的一位数码管控制电路连接方式。

控制程序上传

可以看到sketch_504中，每显示完1个数字都要用一段一模一样的遍历循环函数来清空数码管显示内容（熄灭所有已显示字段）。因此，可以将这段遍历循环函数定义成一个子函数offAll()。数码管每显示完1个数字后调用1次这个子函数将屏幕内容清空。完整的控制程序如图5-10所示。

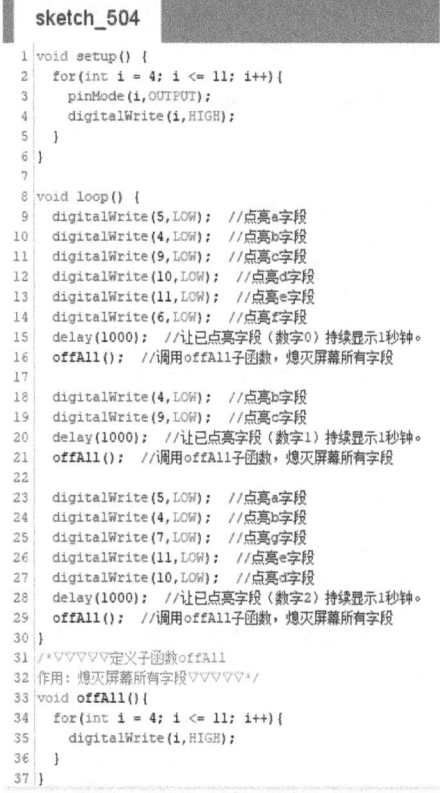

```
sketch_504
1  void setup() {
2    for(int i = 4; i <= 11; i++){
3      pinMode(i,OUTPUT);
4      digitalWrite(i,HIGH);
5    }
6  }
7
8  void loop() {
9    digitalWrite(5,LOW);   //点亮a字段
10   digitalWrite(4,LOW);   //点亮b字段
11   digitalWrite(9,LOW);   //点亮c字段
12   digitalWrite(10,LOW);  //点亮d字段
13   digitalWrite(11,LOW);  //点亮e字段
14   digitalWrite(6,LOW);   //点亮f字段
15   delay(1000);  //让已点亮字段（数字0）持续显示1秒钟
16   offAll();  //调用offAll子函数,熄灭屏幕所有字段
17
18   digitalWrite(4,LOW);   //点亮b字段
19   digitalWrite(9,LOW);   //点亮c字段
20   delay(1000);  //让已点亮字段（数字1）持续显示1秒钟
21   offAll();  //调用offAll子函数,熄灭屏幕所有字段
22
23   digitalWrite(5,LOW);   //点亮a字段
24   digitalWrite(4,LOW);   //点亮b字段
25   digitalWrite(7,LOW);   //点亮g字段
26   digitalWrite(11,LOW);  //点亮e字段
27   digitalWrite(10,LOW);  //点亮d字段
28   delay(1000);  //让已点亮字段（数字2）持续显示1秒钟
29   offAll();  //调用offAll子函数,熄灭屏幕所有字段
30  }
31  /*▽▽▽▽▽定义子函数offAll
32   作用: 熄灭屏幕所有字段▽▽▽▽▽*/
33  void offAll(){
34    for(int i = 4; i <= 11; i++){
35      digitalWrite(i,HIGH);
36    }
37  }
```

图5-10 使用子函数优化控制程序

运行效果查看

请使用手机扫描二维码查看运行效果。

🚗 **控制程序解析**

1. 子函数的应用

程序中某些语句可能会被多次重复使用，这个时候将这些重复语句定义为子函数并在合适的位置多次调用，可以简化程序代码。将某些特定功能相关代码封装成子函数，也能够让主程序代码更简洁，逻辑更清晰。

本示例第 33～37 行代码，定义了一个可以将 Arduino 控制板所有相关输出端子设置为高电位的子函数 offAll，然后分别在 16、21、29 行代码调用该子函数，实现熄灭所有已显示字段的功能。

2. 局部变量的应用

本示例代码中，第 2 行与第 34 行两处的 for 语句中都定义了一个变量 i，而这两个变量都属于局部变量，跳出各自遍历循环后，变量定义均失效，所以并不冲突。

5.3 一维数组的应用

【任务5.5】摩尔斯电码表达 SOS 信号

摩尔斯电码（又译为摩斯密码，Morse Code）是一种时通时断的信号代码，通过不同的排列顺序来表达不同的英文字母、数字和标点符号。

摩尔斯电码是一种早期的数字化通信形式，但是它不同于现代只使用"0"和"1"两种状态的二进制代码，其代码有 5 种：点、划、点和划之间的停顿、每个字符之间的停顿、每个词之间的停顿等。常见字符和其对应的摩尔斯电码如图 5-11 所示。

摩尔斯电码由两种基本信号组成：短促的点信号"·"，读"滴"；保持一定时间的长信号"—"，读"嗒"。间隔时间：滴 = $1t$，嗒 = $3t$，滴嗒间 = $1t$，字符间 = $3t$，单词间 = $7t$。摩尔斯电码明确定义了字母和数字，因此成为了 19 世纪和 20 世纪非常重要的通信手段。

摩尔斯电码中字母"S"用 3 个短促的点信号表示，字母"O"用 3 个长信号表示。因此可以通过改

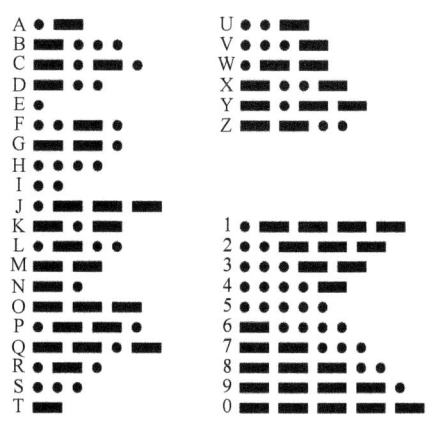

图 5-11　摩尔斯电码

变板载"L"灯的闪烁间隔时间来表示国际通用的求救信号"SOS"，如图 5-12 所示。

这意味着 SOS 信号可以使用亮灯 300ms、灭灯 300ms，亮灯 300ms、灭灯 300ms，亮灯 300ms、灭灯 900ms；亮灯 900ms、灭灯 300ms，亮灯 900ms、灭灯 300ms，亮灯 900ms、灭灯 900ms；亮灯 300ms、灭灯 300ms，亮灯 300ms、灭灯 300ms，亮灯 300ms、灭灯 2100ms 进行表达。

字符间的间隔时长为3t　　　单词间的间隔时长为7t

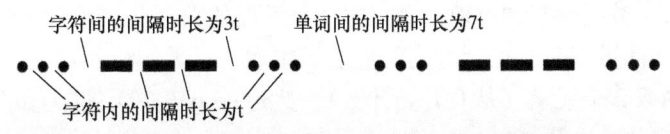

字符内的间隔时长为t

图 5-12　SOS 信号的摩尔斯电码表示

任务要求描述

编写代码实现让板载"L"灯循环闪烁 SOS 信号。

控制电路连接

本任务继续使用图 5-4 所示的一位数码管控制电路连接方式。

控制程序上传

定义数组"int arrayA[9] = {300,300,300,900,900,900,300,300,300};"存储亮灯的持续时间；定义数组"int arrayB[9] = {300,300,900,300,300,900,300,300,2100};"存储灭灯的持续时间，完整的控制程序如图 5-13 所示。

```
sketch_505
1  int ledPin = 13;
2  int arrayA[9] = {300,300,300,900,900,900,300,300,300};   //亮灯的时间
3  int arrayB[9] = {300,300,900,300,300,900,300,300,2100};  //灭灯的时间
4
5  void setup() {
6    pinMode(ledPin,OUTPUT);
7  }
8
9  void loop() {
10   for(int i = 0; i <= 8; i++){   //使用遍历循环逐个调取数组内的值
11     ledBlink(arrayA[i],arrayB[i]);
12   }
13 }
14
15 void ledBlink(int onTime, int offTime){
16   digitalWrite(ledPin,1);
17   delay(onTime);
18   digitalWrite(ledPin,0);
19   delay(offTime);
20 }
```

图 5-13　循环闪烁 SOS 信号控制程序

运行效果查看

请使用手机扫描二维码查看运行效果。

控制程序解析

1. 一维数组的定义与调用

数组是一种可通过索引号进行访问的同类型变量集合。第 2 行、第 3 行定义数组时，数组名

后面方括号内的值表示数组元素的个数，例如方括号里面的数值 9 表示该数组共包含 9 个元素。控制程序中第 11 行访问数组时，方括号内的值表示本次访问数组内的第 i 个数值，例如当 i = 2 时，表示调用数组内第 2 个元素（从 0 开始计数），此时 arrayB[2] = 900，如图 5-14 所示。

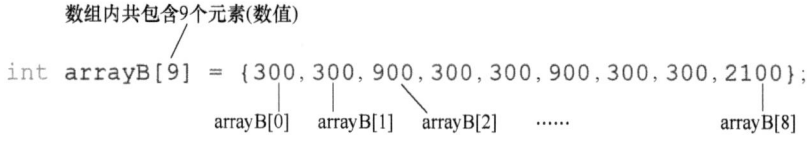

数组内共包含9个元素(数值)

```
int arrayB[9] = {300,300,900,300,300,900,300,300,2100};
```

arrayB[0]　　arrayB[1]　　arrayB[2]　……　　　　　　arrayB[8]

图 5-14　一维数组的表示

2. 使用遍历循环逐个调用数组内保存的元素

控制程序第 11 行代码调用了子函数 ledBlink，然后通过遍历循环将两个数组对应值赋给子函数的传递参数。第 1 次执行遍历循环时，i = 0，此时子函数的两个传递参数 arrayA[0] = 300，arrayB[0] = 300，即 ledBlink(300,300)；第 2 次执行遍历循环时，i = 1，此时子函数的两个传递参数 arrayA[1] = 300，arrayB[1] = 300，即 ledBlink(300,300)；第 3 次执行遍历循环时，i = 2，此时子函数的两个传递参数 arrayA[2] = 300，arrayB[2] = 900，即 ledBlink(300,900)；如此往后遍历，到第 9 次时，i = 8，此时子函数的两个传递参数 arrayA[8] = 300，arrayB[8] = 2100，即 ledBlink(300,2100)。然后，loop 循环重新从 i = 0 开始下一轮遍历，如此往复。

【任务 5.6】使用一维数组优化一位数码管控制程序

图 5-4 的电路连接示意图中，Arduino 控制板的数字端子 4～11 分别控制数码管 b、a、f、g、dp、c、d 和 e 字段，通过控制对应端子的电位高低可以实现点亮或熄灭字段的目的，所显示数字与控制端子电位高低关系（1 表示高电位，0 表示低电位）见表 5-2。

表 5-2　数字与对应控制端子的电平关系

数码管显示内容	Arduino 端子编号							
	4	5	6	7	8	9	10	11
数字 0	0	0	0	1	1	0	0	0
数字 1	0	1	1	1	1	0	1	1
数字 2	0	0	1	0	1	1	0	0
数字 3	0	0	1	0	1	0	0	1
数字 4	0	1	0	0	1	0	1	1
数字 5	1	0	0	0	1	0	0	1
数字 6	1	0	0	0	1	0	0	0
数字 7	0	0	1	1	1	0	1	1
数字 8	0	0	0	0	1	0	0	0
数字 9	0	0	0	0	1	0	0	1

✏️ **任务要求描述**

在使用子函数的基础上，新增一维数组来存储控制数码管的各端子电位高低信息，同样

是实现控制一个共阳极数码管显示数字"0""1""2"（每个数字显示 1s 后，熄灭所有字段，然后显示下一个数字）的效果。

控制电路连接

本任务继续使用图 5-4 所示的一位数码管控制电路连接方式。

控制程序上传

用一维数组 outputPin 定义输出端子编号，编号顺序需要与其他数组电位高低信息一一对应；用一维数组 zero 定义显示数字"0"时各控制端子的电平；用一维数组 one 定义显示数字"1"时各控制端子的电平；用一维数组 two 定义显示数字"2"时各控制端子的电平，完整的控制程序如图 5-15 所示。

```
sketch_506
1  int outputPin[8] = {4,5,6,7,8,9,10,11};
2  int zero[8] = {0,0,0,1,1,0,0,0};
3  int one[8] = {0,1,1,1,1,0,1,1};
4  int two[8] = {0,0,1,0,1,1,0,0};
5
6  void setup() {
7    for(int i = 0; i <= 7; i++){
8      pinMode(outputPin[i],OUTPUT);
9      digitalWrite(outputPin[i],HIGH);
10   }
11 }
12
13 void loop() {
14   for(int i = 0; i <= 7; i++){   //显示数字0
15     digitalWrite(outputPin[i],zero[i]);
16   }
17   delay(1000);
18
19   for(int i = 0; i <= 7; i++){   //显示数字1
20     digitalWrite(outputPin[i],one[i]);
21   }
22   delay(1000);
23
24   for(int i = 0; i <= 7; i++){   //显示数字2
25     digitalWrite(outputPin[i],two[i]);
26   }
27   delay(1000);
28 }
```

图 5-15　优化一位数码管控制程序

运行效果查看

请使用手机扫描二维码查看运行效果。

控制程序解析

1. 定义一维数组保存信息

第 1 行代码定义了一个可以存储 8 个元素的一维数组 outputPin，用来存放用于控制与数码管字段 b、a、f、g、dp、c、d 和 e 连接的 Arduino 板端子号。

第 2~4 行代码分别定义了一个可以存储 8 个元素的一维数组，其中数组 zero 用来存放数码管显示数字"0"时与字段 b、a、f、g、dp、c、d 和 e 连接的 Arduino 板端子的电位高低信息；数组 one 用来存放数码管显示数字"1"时与字段 b、a、f、g、dp、c、d 和 e 连接的 Arduino 板端子的电位高低信息；数组 two 用来存放数码管显示数字"2"时与字段 b、a、f、g、dp、c、d 和 e 连接的 Arduino 板端子的电位高低信息。

本示例中各数组电位高低信息是根据表 5-2 的内容确定的。

2. 调用一维数组获取信息

第 15 行代码中的 digitalWrite 函数调用数组 outputPin 获取端子编号，调用数组 zero 获取电位高低信息（1 代表高电位，0 代表低电位）。

第 14 行代码定义的遍历循环可以逐次将 outputPin 和 zero 两个数组的对应元素调取出来。例如第 1 次执行遍历循环时，两个数组被调取的元素分别是"4"和"0"，第 15 行代码可表示为 digitalWrite(4,0)，即控制 Arduino 板的端子 4 输出低电平；第 2 次遍历时，第 15 行代码可表示为 digitalWrite(5,0)，即控制 Arduino 板的端子 5 输出低电平；如此继续，直至完成本轮遍历。

第 19~21 行和第 24~26 行示例代码的执行效果与之类似，分别用于控制数码管显示数字"1"和数字"2"。

5.4 二维数组的应用

二维数组本质上是以两个或两个以上一维数组作为元素的数组，非常便于多组数据的储存和调用。

【任务 5.7】 使用二维数组优化一位数码管

任务要求描述

在使用子函数的基础上，新增二维数组来存储控制数码管的各端子电平状态，实现控制一个共阳极数码管显示数字 0~9（每个数字显示 1s 后，熄灭所有字段，然后显示下一个数字）的效果。

控制电路连接

本任务继续使用图 5-4 所示的一位数码管控制电路连接方式。

控制程序上传

按照"数据类型 数组名称［行数]+［列数]"的格式定义了一个包含了 10 行 8 列共 80 个数据组成的二维数组 number［10]［8]，完整的控制程序如图 5-16 所示。

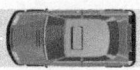

```
sketch_507
1  int outputPin[8] = {4,5,6,7,8,9,10,11};
2  boolean number[10][8] = {{0,0,0,1,1,0,0,0},    //数字0
3                           {0,1,1,1,1,0,1,1},    //数字1
4                           {0,0,1,0,1,1,0,0},    //数字2
5                           {0,0,1,0,1,0,0,1},    //数字3
6                           {0,1,0,0,1,0,1,1},    //数字4
7                           {1,0,0,0,1,0,0,1},    //数字5
8                           {1,0,0,0,1,0,0,0},    //数字6
9                           {0,0,1,1,1,0,1,1},    //数字7
10                          {0,0,0,0,1,0,0,0},    //数字8
11                          {0,0,0,0,1,0,0,1},    //数字9
12                          };
13
14 void setup() {
15   for(int i = 0; i <= 7; i++){
16     pinMode(outputPin[i],OUTPUT);
17     digitalWrite(outputPin[i],HIGH);
18   }
19 }
20
21 void loop() {
22   for(int j = 0; j <= 9; j++){
23     for(int i = 0; i <= 7; i++){
24       digitalWrite(outputPin[i],number[j][i]);
25     }
26     delay(1000);   //点亮一个数字相应字段后，保持显示1s
27   }
28 }
```

图 5-16　用二维数组优化一位数码管控制程序

 **运行效果查看**

请使用手机扫描二维码查看运行效果。

控制程序解析

1. boolean（布尔）数据类型的应用

数据类型 boolean 存储的数据只能是 0 和 1，其中 0 表示 FALSE，1 表示 TRUE。示例代码第 2 行，二维数组存储的元素仅是电位高低信息（0 或 1），符合 boolean 数据类型的要求。与 int 相比，boolean 只占用 1B 的内存空间，更节省芯片内存资源。

2. 二维数组的定义

本示例中设定的二维数组用于存储 Arduino UNO 控制板相关端子的电位高低信息（1 表示高电位，0 表示低电位），数组元素可以参考表 5-2 的内容设定。如第 2~12 行代码所示，设定二维数组元素时，元素与元素间用逗号分隔；每一行用一对大括号包含该行所有元素；行与行之间使用逗号分隔；整个数组用另外一对大括号包围起来；最后用一个分号结束二维数组的设定（如第 12 行代码）。如果数组元素不能填满设定的行列时，默认用数字"0"填满数组。

3. 二维数组的调用

本示例程序第 22~27 行使用了双层嵌套遍历循环函数，它的运行逻辑顺序是：外层遍历循环的变量 j=0 时，内层遍历循环函数运行一轮（i=0→i=1→……→i=7）；然后回到外层遍历循环函数，变量 j=1，然后内层遍历循环函数重新运行一轮；如此往后继续运行，如图 5-17 所示。

图 5-17　双层嵌套循环函数的运行逻辑顺序

按照这个运行顺序，第 24 行代码 digitalWrite 函数运行过程中调用 outputPin 和 number 两个数组对应元素后，可以得到：

digitalWrite(4,1)→digitalWrite(5,0)→digitalWrite(6,0)→digitalWrite(7,0)→digitalWrite(8,0)→digitalWrite(9,0)→digitalWrite(10,0)→digitalWrite(11,1)→delay(1000)。这段语句实现点亮数码管 f、a、b、e、d 和 c 共 6 个字段（可以看到显示结果是数字"0"），并保持显示 1s。

接着，digitalWrite(4,1)→digitalWrite(5,1)→digitalWrite(6,1)→digitalWrite(7,0)→digitalWrite(8,1)→digitalWrite(9,1)→digitalWrite(10,0)→digitalWrite(11,1)→delay(1000)。这段语句实现点亮数码管 b 和 c 共 2 个字段（可以看到显示结果是数字"1"），并保持显示 1s。

如此往后继续运行，逐个显示数字 2~9，完成双层嵌套循环。最后，回归 loop 循环，重新开启下一轮的双层嵌套循环。

【任务 5.8】 使用二维数组控制点阵

本任务案例中将使用到一块 8 行 8 列共 64 个发光二极管组成的点阵，其外观及内部电路结构如图 5-18 所示。图中字母 R 指代"行"（单词 Row 的首字母）；字母 C 指代"列"（单词 Column 的首字母）。

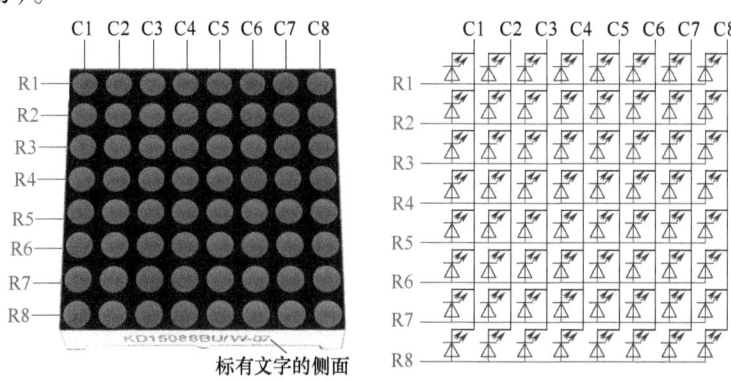

图 5-18　点阵外观及内部电路结构

根据内部电路的不同可分为行共阳和行共阴的结构。图 5-18 所示结构属于行共阳的连接方式，本书后面案例中采用的就是这种行共阳连接方式的点阵。

国产点阵各端子对应的名称一般如图 5-19 所示。对于行共阳连接方式的点阵，"R5"表示该端子控制第 5 行发光二极管的正极，"C8"表示该端子控制第 8 列发光二极管的负极，以此类推。

如果不确定点阵各端子对应的名称，可以使用万用表检测。先将万用表拨到通断档（或小电阻测试档），用红色探针（输出高电平）随意选择一个端子，黑色探针碰余下的端子，看点阵是否发光。若点阵发光，则这时红色探针接触的端子为正极，黑色探针碰到就发光的 8 个端子为负极，剩下的 7 个端子为正极。记下亮灯时对应端子的行列号，就可以确定每个端子对应控制的发光二极管。如图 5-20 所示，第 5 行第 8 列亮灯，说明这时候红色表笔碰触的端子名称是 R5，黑色表笔碰触的端子名称是 C8。

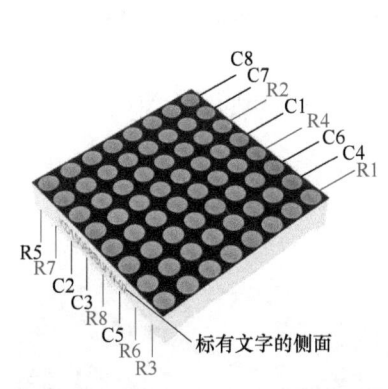

图 5-19　点阵各端子对应的名称

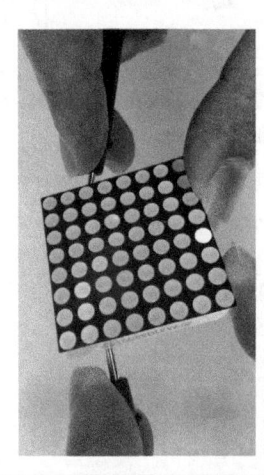

图 5-20　点阵端子的测量方法

若红色探针选择端子后，用黑色探针碰触其他所有端子都没有发光，说明这时候红色探针碰触的端子为负极；然后，改用黑色探针碰触该端子，用红色探针去碰触其余端子，方法类似前面。

任务要求描述

编写代码，使用 Arduino UNO 板控制一块 8 行 8 列的点阵显示一个图 5-21 所示的笑脸。

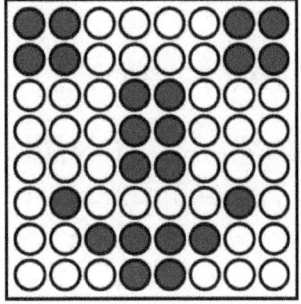

图 5-21　点阵需要显示的笑脸

📢 控制电路连接

本电路（图 5-22）包含的电子元器件有：电阻（220Ω，8 个），8 行 8 列 LED 点阵（3mm，行共阳，1 块），跳线（可用细钢丝代替，8 根），面包板（1 块），杜邦线（两头端都是插头，若干），Arduino UNO 控制板（1 块）。

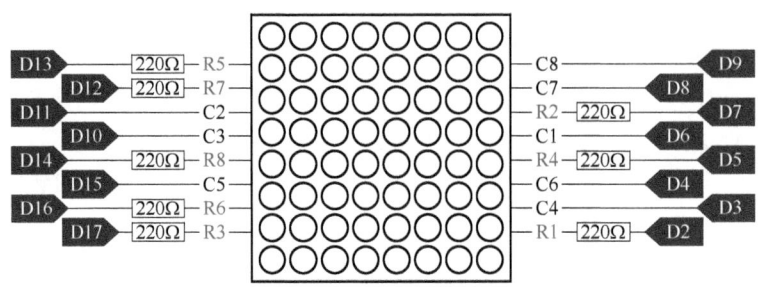

图 5-22　点阵的控制电路连接示意图

先用电阻和跳线把点阵下面的接线端子引出来，如图 5-23 所示。

然后把点阵插入面包板，用杜邦线把接线端子连接到 Arduino UNO 控制板，完成后的电路效果如图 5-24 所示。

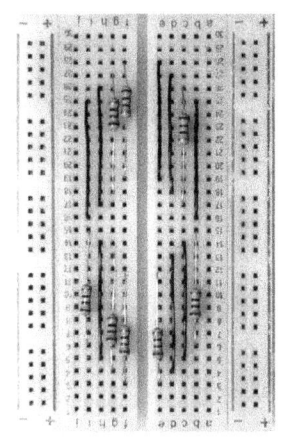

图 5-23　电阻和跳线的连接方式

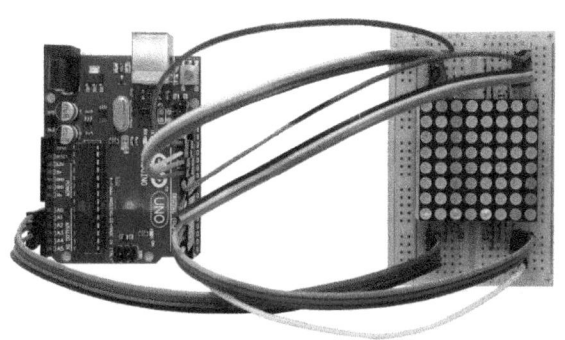

图 5-24　点阵的控制电路连接效果

⭐ 控制程序上传

由于点阵的每行和每列都是分别连接在一起的（图 5-18），所以不能同时对多个发光二极管加以控制。

按照第 1 行第 1 列→第 1 行第 2 列→…→第 1 行第 8 列→第 2 行第 1 列→第 2 行第 2 列→…→第 8 行第 8 列的顺序逐个扫描 64 个发光二极管（每个发光二极管亮灭状态设置好后，保持一段时间，然后设置下一个二极管）。根据视觉暂留现象（当人眼所看到的影像消失后，人眼仍能继续保留其影像 0.1~0.4s 的图像），只要每轮扫描时间足够短，点阵就能够显示项目要求的图像效果。

对于行共阳的点阵，如果需要点亮第 1 行第 1 列的发光二极管，可以通过设置第 1 行控制端子 R1 为高电位（其余 R2~R7 为低电位），第 1 列的控制端子 C1 为低电位（其余 C2~C7 为高电位）的方式实现。如果不需要点亮某个发光二极管，则保持其对应行端子为低电位、对应列端子为高电位即可，完整的控制程序如图 5-25 所示。

```
sketch_508

1  /*点阵的R1~R8分别连接Arduino板的2、7、17、5、13、16、12、14号端子；
2    点阵的C1~C8分别连接Arduino板的6、11、10、3、15、4、8、9号端子  */
3  int rowPin[8] = {2,7,17,5,13,16,12,14};
4  int coPin[8] = {6,11,10,3,15,4,8,9};
5  int ledAppear[8][8] = {{1,1,0,0,0,0,1,1},   //Row1
6                         {1,1,0,0,0,0,1,1},   //Row2
7                         {0,0,0,1,1,0,0,0},   //Row3
8                         {0,0,0,1,1,0,0,0},   //Row4
9                         {0,0,0,1,1,0,0,0},   //Row5
10                        {0,1,0,0,0,0,1,0},   //Row6
11                        {0,0,1,1,1,1,0,0},   //Row7
12                        {0,0,0,1,1,0,0,0},   //Row8
13                        };
14
15 void setup() {
16   for(int i=0; i<=7; i++){
17     pinMode(rowPin[i],OUTPUT);
18     pinMode(coPin[i],OUTPUT);
19   }
20 }
21
22 void loop() {
23   for(int m=0; m<=7; m++){
24     for(int n=0; n<=7; n++){
25       digitalWrite(rowPin[m],ledAppear[m][n]);
26       digitalWrite(coPin[n],!ledAppear[m][n]);
27       delayMicroseconds(200);
28       digitalWrite(rowPin[m],LOW);
29       digitalWrite(coPin[n],HIGH);
30     }
31   }
32 }
```

图 5-25　二维数组控制点阵控制程序

 **运行效果查看**

请使用手机扫描二维码查看运行效果。

控制程序解析

1. 根据需求分别设置一维数组和二维数组

示例代码的第 3 行、第 4 行分别定义了存储点阵行号 R1~R8 对应 Arduino 控制板端子的数组 rowPin 和存储点阵列号 C1~C8 对应 Arduino 控制板端子的数组 coPin。即点阵的 R1~R8 分别连接到 Arduino UNO 控制板的端子 2、7、17、5、13、16、12、14；点阵的 C1~C8 分别连接到 Arduino UNO 控制板的端子 6、11、10、3、15、4、8、9。

因为数字端子 0~13 不够用，所以本示例中把模拟输入端子设置为输出模式，把模拟端子 A0~A3 当数字输出端子使用。模拟端子 A0 对应端子 14，A1 对应端子 15，A2 对应端子 16，A3 对应端子 17。

示例代码的第 5~13 行按照点阵的行列顺序将与之对应的发光二极管正极的电平信息存储到二维数组 ledAppear。

2. 调用二维数组实现控制目标

本示例代码第 23~31 行使用了双层嵌套遍历循环函数，它的运行逻辑顺序是：外层遍历循环的变量 m=0 时，内层遍历循环函数运行一轮（n=0→n=1→……→n=7）；然后外层遍历循环函数变量 m=1，内层遍历循环函数重新运行一轮；如此往后继续运行，如图 5-26 所示。

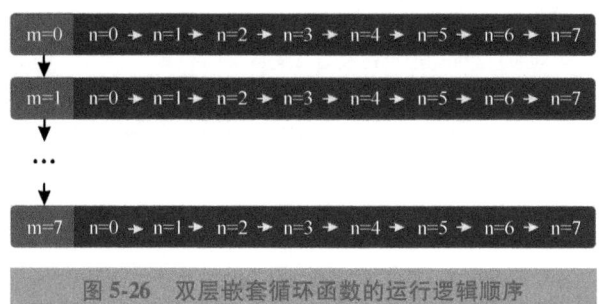

图 5-26　双层嵌套循环函数的运行逻辑顺序

按照这个运行顺序，第 25、26 行代码的两个 digitalWrite 函数运行过程中调用 rowPin、coPin 和 ledAppear 3 个数组对应元素后，可以得到：

digitalWrite（2,1）；digitalWrite（6,0）→digitalWrite（2,1）；digitalWrite（11,0）→digitalWrite（2,0）；digitalWrite（10,1）→digitalWrite（2,0）；digitalWrite（3,1）→digitalWrite（2,0）；digitalWrite（15,1）→digitalWrite（2,0）；digitalWrite（4,1）→digitalWrite（2,1）；digitalWrite（8,0）→digitalWrite（2,1）；digitalWrite（9,0）。这段语句分别实现点亮点阵第 1 行的第 1 列、第 2 列、第 7 列以及第 8 列 4 个发光二极管亮；紧接其后的 delay 函数让被扫描选中的发光二极管两端电位高低状态持续 200μs；然后紧接着的第 28 行和第 29 行代码让被扫描选中的发光二极管熄灭。如此继续扫描第 2 行的 8 个发光二极管，并按照顺序一直扫描至第 8 行第 8 列的发光二极管。

最后，回归 loop 循环，重新开启下一轮的双层嵌套循环。

3. 延迟时间的设定

因为每轮需要扫描 8 行 8 列共 64 个发光二极管，如果每个发光二极管发光持续时间过长，会导致每轮间隔时间过长，点阵显示图像会出现明显的闪烁。因此，如第 27 行代码所示，设置每个发光二极管状态保持时间为 200μs。与以毫秒为单位的延时函数 delay() 不同，这里使用的是以微秒为单位的延时函数 delayMicroseconds()。

4. 熄灭发光二极管

如第 28 和 29 行示例代码所示，将发光二极管正极对应的 Arduino 控制板端子设置为低电位，负极对应的 Arduino 控制板端子设置为高电位，熄灭发光二极管，为点亮点阵中的下一个发光二极管准备。

5.5　74HC595 芯片的使用

74HC595 芯片是一种串行输入、8 位并行输出的芯片（其外观如图 5-27 所示），可以被用来实现扩展数字端子的效果。对于 Arduino UNO 等数字输入/输出端子数量少的控制板，常使用 74HC595 芯片以增加数字输出端子的数量。74HC595 是一款漏极开路输出 CMOS 移位寄存器，输出端为可控的三态输出端，能串行输出控制下一级级联芯片。输出寄存器可以直接清除，移位频率可达 100MHz。

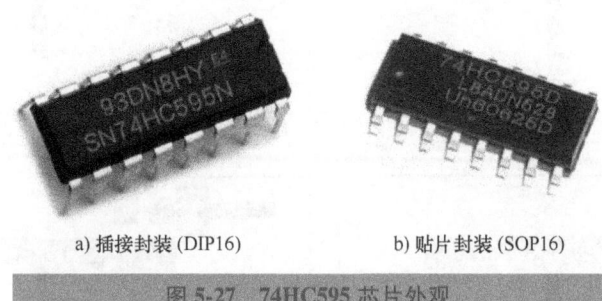

a) 插接封装 (DIP16)　　　　b) 贴片封装 (SOP16)

图 5-27　74HC595 芯片外观

74HC595 芯片的各端子编号与名称如图 5-28 所示，各端子配置见表 5-3。

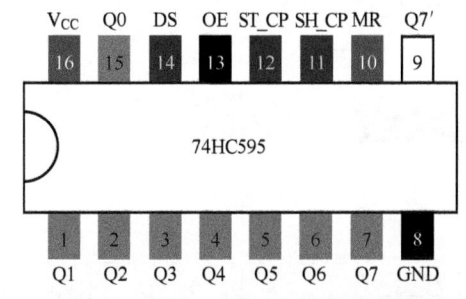

图 5-28　74HC595 芯片的各端子编号与名称

表 5-3　74HC595 芯片的各端子配置

端子编号	端子名称	配　置　说　明	端子编号	端子名称	配　置　说　明
15, 1~7	Q0~Q7	8 位并行数据输出	12	ST_CP	存储寄存器的时钟输入
8	GND	接地	13	OE	输出使能端子，高电平时禁止输出
9	Q7′	级联输出端			
10	MR	复位端子，低电平复位	14	DS	串行数据输入
11	SH_CP	移位寄存器的时钟输入	16	V_{CC}	电源正极（可接 2~6V）

为了清晰解释 74HC595 芯片的工作原理，可以把 SH_CP 端子比喻成一个可以左右往返运动的"活塞"，ST_CP 端子比喻成一个可以上下往返运动的"升降台"，而数据则由 DS 端子逐个输入。74HC595 芯片的工作过程如图 5-29 所示。

如图 5-29a 所示，当"活塞"和"升降台"都处于低电位状态时，DS 端子先发送第 1 个数据"0"过来，接着如图 5-29b 所示，控制"活塞"（SH_CP）端子为高电平，将第 1 个数

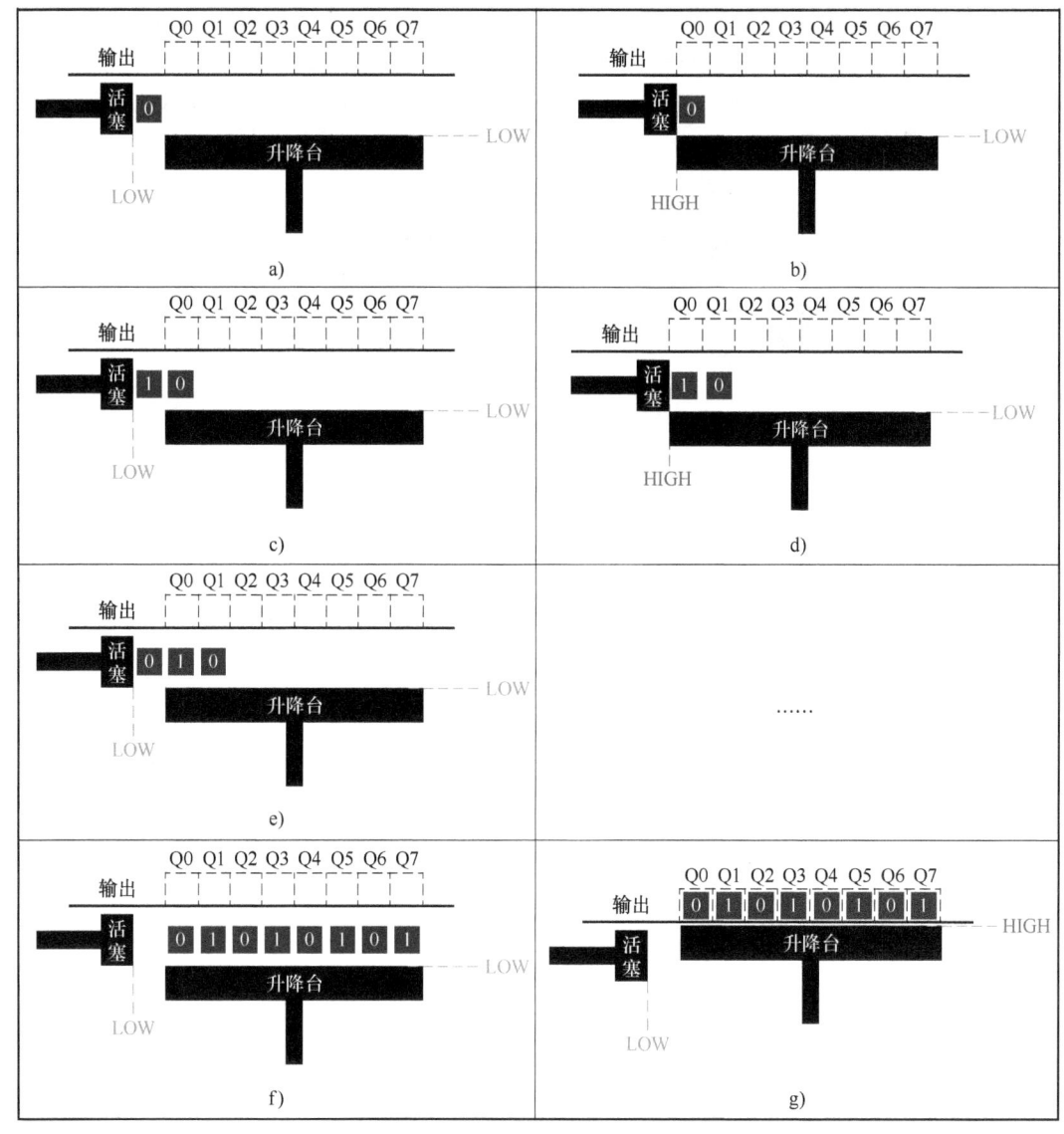

图 5-29 74HC595 芯片的工作过程

据推送到"升降台"上，然后如图 5-29c 所示，控制"活塞"端子为低电平，DS 端子将第 2 个数据"1"推送过来，如此继续，直至如图 5-29f 所示，8 位数据都被推送到"升降台"上。最后，控制"升降台"（ST_CP）端子为高电平，所有数据一次性被推送到对应的数字输出端子 Q0~Q7，如图 5-29g 所示。

【任务 5.9】 使用 74HC595 芯片控制灯组亮灭

本任务使用 Arduino UNO 控制板的 3 个端子发送指令给 74HC595 芯片，然后使用 74HC595 芯片的 8 个数字输出端子分别控制 8 个 LED 的亮灭，理解 74HC595 芯片的工作过程。

📝 任务要求描述

使用 1 块 74HC595 芯片连接 8 个发光二极管，编写程序点亮与 Q1、Q3、Q5、Q7 相连的发光二极管。

🔧 控制电路连接

本电路（图 5-30）包含的电子元器件有：74HC595 芯片（插接封装，1 块），方形发光二极管（外形尺寸为 2mm×5mm×7mm，8 个），220Ω 电阻（1 个），面包板（1 块），杜邦线（两端都是插头，5 根），跳线（若干），Arduino UNO 控制板（1 块）。

一般标准电路是每个发光二极管串联一个限流电阻，为了简化连接，本任务只用了个 220Ω 电阻串接在并联后的发光二极管负极与地之间。

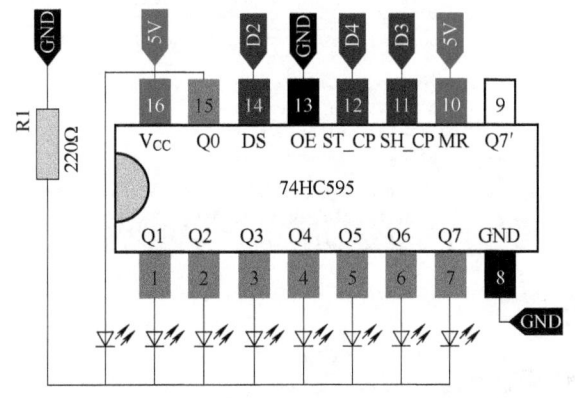

图 5-30　74HC595 芯片扩展控制 LED 的电路连接示意图

按示意图连接后的电路效果如图 5-31 所示。

图 5-31　74HC595 芯片扩展控制 LED 的控制电路连接效果

⭐ 控制程序上传

根据前面对 74HC595 芯片工作过程的分析，先将"活塞"对应控制端子设置为低电位，接着数据端子推送数据，然后"活塞"对应控制端子设置为高电位，如此运行 8 遍；最后，将"升降台"对应控制端子设置为高电位，将 8 位数据一次性推送给输出端子 Q0~Q7。完整的控制程序如图 5-32 所示。

```
sketch_509
1  int dataPin = 2;   //数据, DS
2  int pushPin = 3;   //活塞, SH_CP
3  int liftPin = 4;   //升降台, ST_CP
4  boolean ledState[8] = {0,1,0,1,0,1,0,1};
5
6  void setup() {
7    pinMode(pushPin,OUTPUT);
8    pinMode(liftPin,OUTPUT);
9    pinMode(dataPin,OUTPUT);
10 }
11
12 void loop() {
13   digitalWrite(liftPin,LOW);
14   for(int i = 7; i >= 0; i--){
15     pushData(ledState[i]);
16   }
17   digitalWrite(liftPin,HIGH);
18 }
19
20 void pushData(int num){
21   digitalWrite(pushPin,LOW);
22   digitalWrite(dataPin,num);
23   digitalWrite(pushPin,HIGH);
24 }
```

图 5-32　74HC595 控制灯组亮灭控制程序

 **运行效果查看**

请使用手机扫描二维码查看运行效果。

控制程序解析

1. 设置一维数组存储电位高低信息

示例代码第 4 行，设置了一个一维数组 ledState，用于存储 74HC595 芯片端子 Q0~Q7 电位高低的信息。

2. 创建子函数实现数据的推送

示例代码第 20~24 行，创建了一个带传递参数的子函数 pushData。在该子函数中，先设置"活塞"对应控制端子为低电位，接着将传递参数写入数据端子，最后设置"活塞"对应控制端子为高电位。

3. 子函数的调用

示例代码第 14~16 行，使用遍历循环将数组 ledState 存储的电位高低的信息逐个倒序推送到"升降台"上。例如第 15 行示例代码，推送过程调用了子函数 pushData，而且调用过程将数组 ledState 内的元素赋值给了传递参数 num（如示例代码第 20 行）。

4. "升降台"的控制

示例代码第 13 行，设置"升降台"对应控制端子为低电位，为接受"活塞"推送数据过来做好准备。当"活塞"完成将 8 位数据推送到"升降台"后，设置"升降台"

对应控制端子为高电位（如示例代码第 17 行），将电位高低信息一次性推送到输出端子 Q0 ~ Q7。

【任务 5.10】使用二维数组优化 74HC595 控制程序

任务要求描述

使用 1 块 74HC595 芯片连接 8 个发光二极管，编写程序控制发光二极管实现流水灯的效果。

控制电路连接

本任务继续使用图 5-30 所示的 74HC595 芯片扩展控制 LED 的电路连接方式。

控制程序上传

流水灯效果通常是指点亮第 1 个发光二极管，持续一段时间后熄灭并点亮下一个二极管，如此循环往复。为此，设置一个 8 行 8 列的二维数组 ledState 用于保存发光二极管对应端子电平状态，完整的控制程序如图 5-33 所示。

```
sketch_510
1  int dataPin = 2;   //数据, DS
2  int pushPin = 3;   //活塞, SH_CP
3  int liftPin = 4;   //升降台, ST_CP
4  boolean ledState[8][8] = {{1,0,0,0,0,0,0,0},
5                            {0,1,0,0,0,0,0,0},
6                            {0,0,1,0,0,0,0,0},
7                            {0,0,0,1,0,0,0,0},
8                            {0,0,0,0,1,0,0,0},
9                            {0,0,0,0,0,1,0,0},
10                           {0,0,0,0,0,0,1,0},
11                           {0,0,0,0,0,0,0,1},
12                           };
13
14 void setup() {
15   pinMode(pushPin,OUTPUT);
16   pinMode(liftPin,OUTPUT);
17   pinMode(dataPin,OUTPUT);
18 }
19
20 void loop() {
21   for(int m = 0; m <= 7; m++){
22     digitalWrite(liftPin,LOW);
23     for(int n = 7; n >= 0; n--){
24       pushData(ledState[m][n]);
25     }
26     digitalWrite(liftPin,HIGH);
27     delay(500);
28   }
29 }
30
31 void pushData(int num){
32   digitalWrite(pushPin,LOW);
33   digitalWrite(dataPin,num);
34   digitalWrite(pushPin,HIGH);
35 }
```

图 5-33　二维数组优化 HC595 控制程序

运行效果查看

请使用手机扫描二维码查看运行效果。

控制程序解析

1. 二维数组的设立

示例代码第 4~12 行，定义了二维数组 ledState，数组第 1 行让输出端子 0 为高电位，其余输出端子均为低电位；数组第 2 行让输出端子 1 为高电位，其余输出端子均为低电位；数组第 2 行让输出端子 2 为高电位，其余输出端子均为低电位；如此往后，逐个端子按顺序设定高电位，可以保证发光二极管依次顺序点亮。

2. 二维数组的调用

示例代码第 21~29 行，使用了双层嵌套循环，内层遍历循环保证二维数组 ledState 中的每一行元素被逐个推送到"升降台"，而外层遍历循环则保证二维数组 ledState 中的元素逐行被"升降台"推送到输出端子 Q0~Q7。

因为按照 74HC595 芯片的使用规则，第 1 个被推送到"升降台"的数据将控制输出端子 Q7，第 2 个被推送到"升降台"的数据将控制输出端子 Q6，所以示例代码第 23 行中的遍历循环采用逆序方式，让数组中每一行的第 7 列元素最先被推送到"升降台"，接着是第 6 列，如此直至第 0 列数据被推送到"升降台"。

【任务 5.11】shiftOut 函数的使用

shiftOut 函数经常用于 74HC595 芯片相关的控制程序中。它的作用与任务 5.10 示例中定义的子函数 pushData 类似。

任务要求描述

使用 1 块 74HC595 芯片连接 8 个发光二极管，使用 shiftOut 函数控制发光二极管实现流水灯的效果。

控制电路连接

本任务继续使用图 5-30 所示的 74HC595 芯片扩展控制 LED 的电路连接方式。

控制程序上传

根据流水灯的控制要求，74HC595 芯片的端子 Q7~Q0 对应的电平变化用字节的形式可以表达为"0000 0001"→"0000 0010"→"0000 0100"→"0000 1000"→"0001 0000"→"0010 0000"→"0100 0000"→"1000 0000"。将这些数值转换为十进制数值并存储到数组 ledState 中，完整的控制程序如图 5-34 所示。

```
sketch_511
1  int dataPin = 2;    //数据, DS
2  int pushPin = 3;    //活塞, SH_CP
3  int liftPin = 4;    //升降台, ST_CP
4  int ledState[8] = {1,2,4,8,16,32,64,128};
5
6  void setup() {
7    pinMode(pushPin,OUTPUT);
8    pinMode(liftPin,OUTPUT);
9    pinMode(dataPin,OUTPUT);
10 }
11
12 void loop(){
13   for(int i = 0; i <= 7; i++){
14     digitalWrite(liftPin,LOW);
15     shiftOut(dataPin,pushPin,MSBFIRST,ledState[i]);
16     digitalWrite(liftPin,HIGH);
17     delay(500);
18   }
19 }
```

图 5-34　使用 shiftOut 函数控制发光二极管控制程序

运行效果查看

请使用手机扫描二维码查看运行效果。

控制程序解析

1. shiftOut 函数的应用

函数 shiftOut（dataPin，clockPin，bitOrder，val）有 4 个传递参数，它们分别对应示例代码第 15 行中的 dataPin、pushPin、MSBFIRST、ledState，其具体含义如下。

（1）dataPin：指与 74HC595 芯片 DS 端子连接的 Arduino 控制板对应端子（如本示例中 dataPin 指代的端子 2），端子需要在初始化设置时设置成输出模式。

（2）clockPin：指与 74HC595 芯片 SH_CP（"活塞"）端子连接的 Arduino 控制板对应端子（如本示例中 pushPin 指代的端子 3），这个端子会发送一个高电平将 dataPin 的数据推送出去。此端子也需要在初始化设置时设置成输出模式。

（3）bitOrder：输出位的顺序，有最高位优先（MSBFIRST）和最低位优先（LSBFIRST）两种方式可选。例如第 15 行代码就使用了最高位优先的顺序。

（4）val：所要输出的数据值（可用十进制表达），该数据值将以字节（byte，即二进制）的形式输出。

本示例与任务 5.10 示例代码进行比较后，发现 shiftOut 函数的作用其实与任务 5.10 示例中定义的子函数 pushData 相同。

2. 数值进制转化

第 4 行示例代码定义了可以存储 8 个元素的一维数组 ledState，该数组元素均使用了十进制的表达方式。但该数组元素被第 15 行示例代码中的 shiftOut 函数调用时，会自动被转换成二进制的表达方式，然后推送到 74HC595 芯片控制输出端子 Q0~Q7。

本示例中十进制数字"1"转换成字节形式（二进制）后就成了"0000 0001"，如果按照最高位优先（MSBFIRST）的方式被送到74HC595芯片，先将最高位"0"推送给输出端子Q7；接着将次高位"0"推送给输出端子Q6；依此类推，直至将最低位"1"推送给输出端子Q0。即意味着输出端子Q0被设置成高电位（与之相连的发光二极管被点亮），其余端子被设置成低电位。

数组ledState第2个元素"2"，转换后为"0000 0010"，按照最高位优先（MSBFIRST）的方式被送到74HC595芯片后，输出端子Q1被设置成高电位，与之相连的发光二极管被点亮。其余类似，数组ledState第3个元素"4"，转换后为"0000 0100"，与输出端子Q2相连的发光二极管被点亮；数组ledState第4个元素"8"，转换后为"0000 1000"，与输出端子Q3相连的发光二极管被点亮；数组ledState第5个元素"16"，转换后为"0001 0000"，与输出端子Q4相连的发光二极管被点亮；数组ledState第6个元素"32"，转换后为"0010 0000"，与输出端子Q5相连的发光二极管被点亮；数组ledState第7个元素"64"，转换后为"0100 0000"，与输出端子Q6相连的发光二极管被点亮；数组ledState第8个元素"128"，转换后为"1000 0000"，与输出端子Q7相连的发光二极管被点亮。如此连续循环运行，可以实现流水灯效果。

3. 十进制整数转换成二进制数的方法

十进制整数转换成二进制数的方法：除二取余，倒序排列。具体过程是将一个十进制数除以2，得到的商再除以2，依此类推直到商等于0时为止，倒取计算得到的所有余数，即换算为二进制数的结果。例如把十进制数32换算成二进制数，计算过程如下：

32/2＝16 余 0 （第6位）
16/2＝8 余 0 （第5位）
8/2＝4 余 0 （第4位）
4/2＝2 余 0 （第3位）
2/2＝1 余 0 （第2位）
1/2＝0 余 1 （第1位）

倒取余数可以得到结果"10 0000"，但计算机内部表示数的字节单位是定长的，如8位、16位或32位，如果位数不够时，高位补零。因此十进制数"32"转换成二进制数最终表达形式是"0010 0000"。

当然也可以使用Windows操作系统自带的"计算器"将十进制数值转换成二进制。首先，打开"计算器"，从导航菜单中选择"程序员"模式，如图5-35所示。

然后，选取输入数值的进制类型，因为是要将十进制转换成二进制，所以选择"DEC"（十进制），如图5-36所示。

最后，输入十进制数，在二进制（BIN）类型处自动显示该数值转换成二进制后的结果，如图5-37所示。

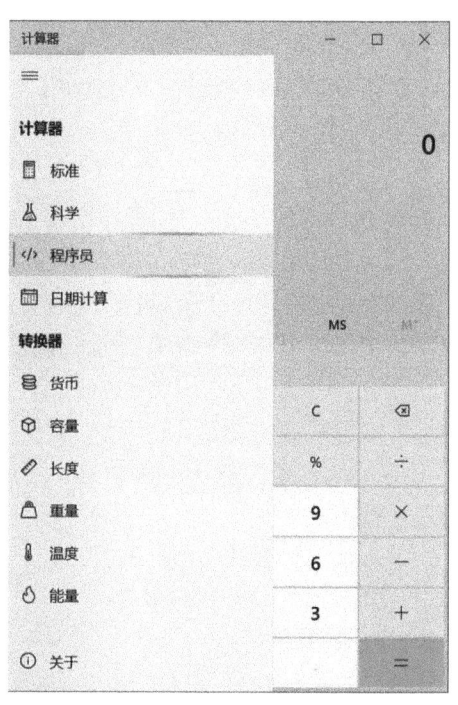

图 5-35　计算器模式选取

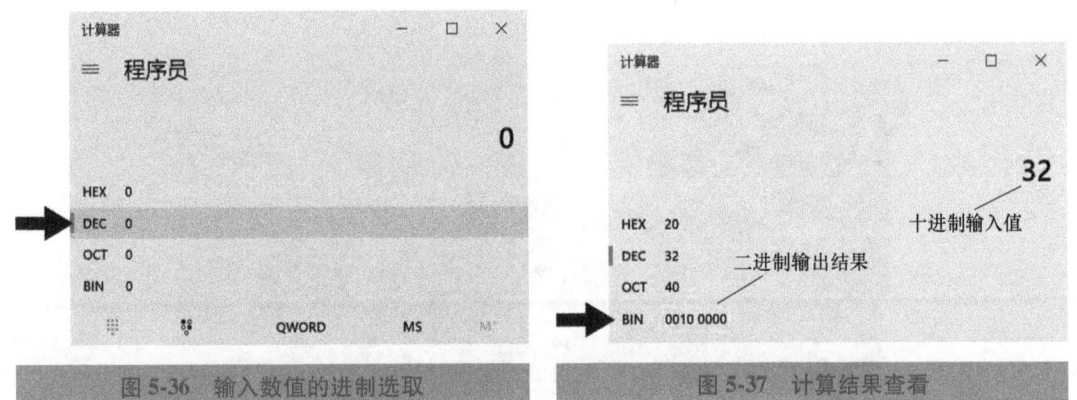

图5-36　输入数值的进制选取　　　　图5-37　计算结果查看

当然计算器也可以将二进制输入值转换为十进制输出结果显示，只需选择"BIN"（二进制），然后通过键盘输入二进制后，就可以在"DEC"处查看转换后的结果。

【任务5.12】使用74HC595芯片实现一位数码管控制

任务要求描述

使用74HC595芯片控制数码管各端子，编写代码实现控制一个共阳极数码管显示数字0~9（每个数字显示1s后，熄灭所有字段，然后显示下一个数字）的效果。

控制电路连接

本电路（图5-38）包含的电子元器件有：74HC595芯片（1块），220Ω电阻（8个），0.56in的一位共阳极数码管（1个），面包板（1块），Arduino UNO控制板（1块）。

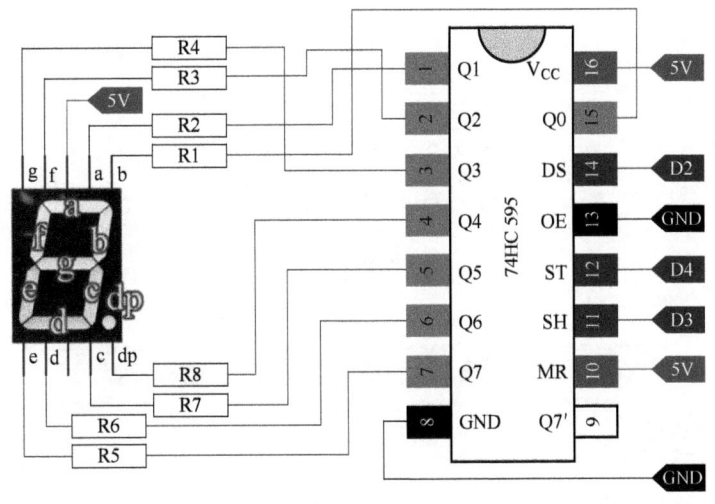

图5-38　74HC595芯片控制一位数码管电路连接示意图

完成后的电路效果如图 5-39 所示。

图 5-39　74HC595 芯片控制一位数码管电路连接效果

☆ 控制程序上传

本示例使用 shiftOut 函数根据数据（DS）端子、"活塞"（SH_CP）端子和"升降台"（ST_CP）端子信号，控制 74HC595 芯片的输出端子 Q0～Q7 的电平，完整的控制程序如图 5-40 所示。

```
sketch_512
1  int dataPin = 2;   //数据，DS
2  int pushPin = 3;   //活塞，SH_CP
3  int liftPin = 4;   //升降台，ST_CP
4  int number[10] = {24,123,44,41,75,137,136,59,8,9};
5
6  void setup() {
7    pinMode(pushPin,OUTPUT);
8    pinMode(liftPin,OUTPUT);
9    pinMode(dataPin,OUTPUT);
10 }
11
12 void loop() {
13   for(int i = 0; i <= 9; i++){
14     digitalWrite(liftPin,LOW);
15     shiftOut(dataPin,pushPin,LSBFIRST,number[i]);
16     delay(1000);
17     digitalWrite(liftPin,HIGH);
18   }
19 }
```

图 5-40　使用 74HC595 控制一位数码管控制程序

运行效果查看

请使用手机扫描二维码查看运行效果。

控制程序解析

1. 建立一维数组存储 74HC595 芯片输出端子电平信息

根据表 5-2，控制数码管显示数字 "0" 需要将 74HC595 芯片的端子 Q3、Q4 设置为高电位，其余输出端子设置为低电位，因此按照 "1" 表示高电位、"0" 表示低电位的方式可以将端子 Q0~Q7 的电平表达为二进制 "0001 1000"，转换成十进制则是 "24"。同理，数码管显示数字 "1"，74HC595 芯片对应端子输出电平信号用二进制表达为 "0111 1011"，转换成十进制则是 "123"，其他见表 5-4。

表 5-4　74HC595 芯片输出端子对应电平的不同进制表达

数码管显示数字	输出端子 Q0~Q7 对应电平的 二进制表达	输出端子 Q0~Q7 对应电平的 十进制表达
0	0001 1000	24
1	0111 1011	123
2	0010 1100	44
3	0010 1001	41
4	0100 1011	75
5	1000 1001	137
6	1000 1000	136
7	0011 1011	59
8	0000 1000	8
9	0000 1001	9

如第 4 行示例代码所示，这些被转换为十进制的后的数字被保存到一维数组 number 中。

2. 采用遍历循环逐个调用数组元素

示例代码第 13~18 行，使用遍历循环将数组 number 中的 10 个元素逐个赋值给 shiftOut 函数。

3. shiftOut 函数的应用

shiftOut 函数自动将数组 number 中十进制方式的元素转换成二进制的字节表达方式并按照输出位的顺序推送到输出端控制端子 Q0~Q7 的电平。例如将元素 "136" 转换成 "1000 1000"，然后按照最低位优先的顺序，即将最低位 "0" 推送给输出端子 Q7，将次低位 "0" 推送给输出端子 Q6，接着依此类推，将次高位 "0" 送给输出端子 Q1，将最高位 "1" 推送给输出端子 Q0。

对于本示例中的共阳极数码管，设置为低电位的端子将点亮数码管对应的字段，对照表 5-2，可知数字 "136" 被 shiftOut 函数推送到 74HC595 芯片后，将控制数码管显示数字 "6"。

项目 6

串行通信的实现

并行通信可以实现多位数据同步传输，通信速度更快，其数据传输方式如图 6-1 所示。

但并行通信占用了比较多的输入/输出端子资源，所以它在 Arduino UNO 这种输入/输出端子资源本身就比较紧张的控制板中并不被经常使用。

串行通信是相对并行通信的一个概念，数据排队逐个传输（图 6-2），虽然传输速度稍慢，但占用端子数量少，在 Arduino UNO 中经常被使用。

图 6-1　并行通信数据传输方式

图 6-2　串行通信数据传输方式

Arduino UNO 控制板集成了串口、IIC 总线以及 SPI 三种常见的串行通信方式，本项目将通过示例分别介绍这三种通信方式的使用方法。

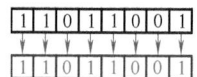

6.1　串口通信的实现

串口也叫通用异步收发器（Universal Asynchronous Receiver/Transmitter，UART），是 Arduino UNO 控制板最基本的通信接口。前面学习的上传程序或调用串口监视器都是利用 Arduino UNO 控制板的串口将其与计算机相连（中间需要一个"USB 转串口"芯片的协助）。

每台设备的串口通常只能连接另外一台设备的串口进行通信，而且进行通信的两台设备的串口对应的发送端子（TX）和接收端子（RX）需要交叉连接，并共用一个电源地，连接示意图如图 6-3 所示。

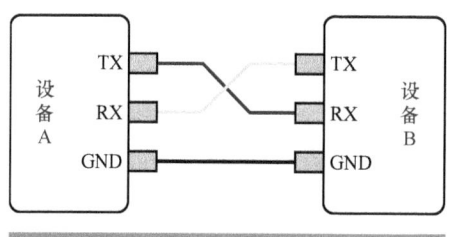

图 6-3　两台设备串口连接示意图

对于 Arduino UNO 控制板，只有一组串口（UART），占用数字端子 0 和 1。当 Arduino UNO 控制板与计算机连接上传程序或使用串口监视器时，这两个数字端子都被占用，所以一般这两个端子不连接外围控制电路。如果端子资源紧张，这两个端子也连接了外围电路，那么在上传控制程序时，最好先把数字端子 0 和 1 连接的外围电路断开。

对于 Arduino MEGA 2560 控制板，自带 4 组 UART，控制程序中分别使用名称"Serial""Serial 1""Serial 2"以及"Serial 3"进行区分，如图 6-4 所示。

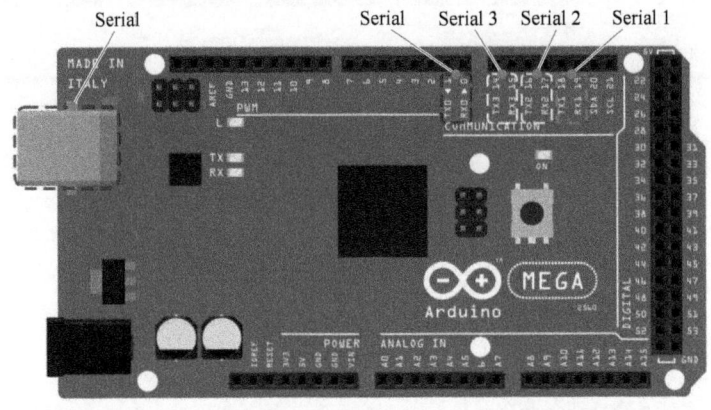

图 6-4　Arduino MEGA 2560 控制板对应的串口

【任务 6.1】利用串口输入指令控制发光二极管颜色变化

任务要求描述

编写代码控制一个彩色发光二极管按照串口输入指令实现颜色变化。

控制电路连接

本电路（图 6-5）包含的元器件有：5mm 彩色发光二极管（RGB 三色，共阴极，1 个），电阻（220Ω，3 个），面包板（1 块），杜邦线（两端都是插头，4 根），Arduino UNO 控制板（1 块）。

彩色发光二极管的 4 根端子中，最长的一个连接 GND，第二长的是绿色对应的控制端子，第三长的是红色对应的控制端子，最短的是蓝色对应的控制端子。按示意图连接完成后的电路效果如图 6-6 所示。

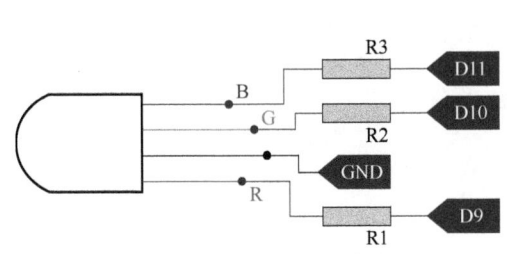

图 6-5　彩色 LED 控制电路连接示意图

图 6-6　彩色 LED 控制电路连接效果

☆ **控制程序上传**

触发串口事件，根据串口监视器中输入的颜色指令（如"R200"）去控制对应端子的 PWM 输出值。完整的控制程序如图 6-7 所示。

```
sketch_701
1  #define redPin 9
2  #define greenPin 10
3  #define bluePin 11
4  boolean putInOver = false;   //判断是否完成字符串读取
5  String inPutString = "";   //存储输入的字符串
6  int val;   //存储每轮输入结束后的inPutString,并用于控制彩灯的PWM值
7  char rgbPin;   //字符（R、G、B）
8
9  void setup() {
10   Serial.begin(9600);
11 }
12
13 void loop() {
14   if(putInOver){
15     switch(rgbPin){
16       case 'R':
17         analogWrite(9,val);
18         break;
19       case 'G':
20         analogWrite(10,val);
21         break;
22       case 'B':
23         analogWrite(11,val);
24         break;
25     }
26     putInOver = false;   //复位putInOver,为下一轮读取串口值准备
27     inPutString = "";   //清空变量
28     rgbPin = "";   //清空变量
29   }
30 }
31
32 void serialEvent(){
33   while(Serial.available()){
34     char inPut = Serial.read();
35     if(isDigit(inPut)){   //判断是否数字
36       inPutString += inPut;   //将串口输入字符逐个保存到字符串inF
37     }
38     else if(inPut == '\n'){   //判断是否结束输入
39       val = inPutString.toInt();   //将字符串转为整型并赋值给变量
40       putInOver = true;   //完成一轮串口读取,为进入舵机转角控制准
41     }
42     else{
43       rgbPin = inPut;
44     }
45   }
46 }
```

图 6-7　彩色发光二极管颜色变化的控制程序

运行效果查看

请使用手机扫描二维码查看运行效果。

控制程序解析

1. loop 循环中的程序运行流程

第 14 行代码，对串口输入是否完成的标识符"putInOver"进行判断选择，如果已经完成则继续运行后续代码。第 15 行代码，对参数"rgbPin"进行选择，如果其值为"R"，则设置 9 号端子的 PWM 输出值为 val（如代码第 16~18 行）；如果其值为"G"，则设置 10 号端子的 PWM 输出值为 val（如代码第 19~21 行）；如果其值为"B"，则设置 11 号端子的 PWM 输出值为 val（如代码第 22~24 行）。完整的流程如图 6-8 所示。

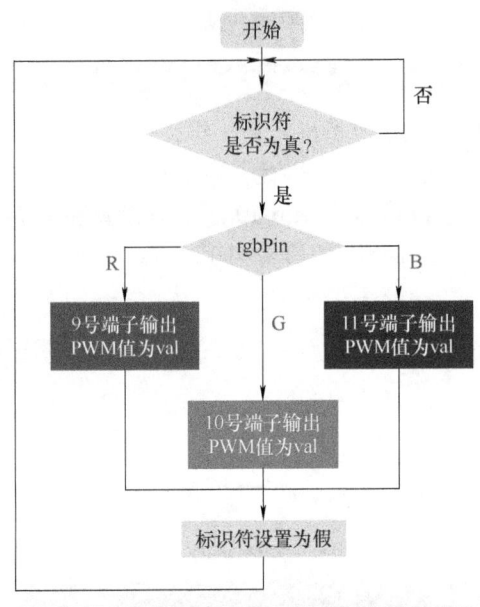

图 6-8　loop 循环中的程序运行流程

这里使用到的 switch 选择语句，使用过程中需要注意以下几点：

1）在以上示例代码中，当变量 val 和某个 case 后面的数值匹配成功后，Arduino 会执行该分支内所有语句（遇到 break 后结束）。

2）case 后面必须是一个整数，或者是结果为整数的表达式，但不能包含任何变量。

3）case 后面不能使用字符串，但可以使用字符，使用字符时需要用单引号把字符括起来，如 case:'b'。

4）default 不是必需的。当没有 default 时，如果所有 case 都匹配失败，那么就什么都不执行。

2. 串口事件子函数设计思路

Arduino 中的串口事件是通过指令 serialEvent 来实现的。但它不能做到实时响应，所以并非真正意义上的事件。当启用串口事件时，程序会在两次 loop 循环之间检测串口缓冲区是否有数据,如果有数据,则运行 serialEvent 函数内的相关语句。本示例串口事件流程如图 6-9 所示。

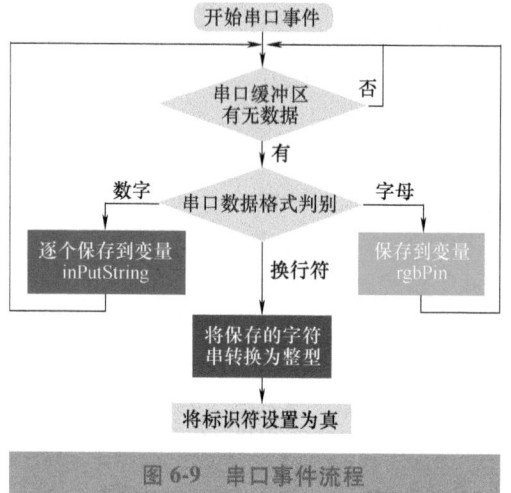

图 6-9　串口事件流程

因为将换行符"\n"设置成串口事件的停止符,所以程序必须检测到换行符才能结束当次读字符操作,并输出所读取到的数据。因此,在进行串口输入前,必须先检查串口监视器下方的下拉菜单被设置为"换行符",如图 6-10 所示。设置完成后,只需输入字符"B150",并按下回车,串口事件即可输出 rgbPin 的值为"B",val 的值为"150"。

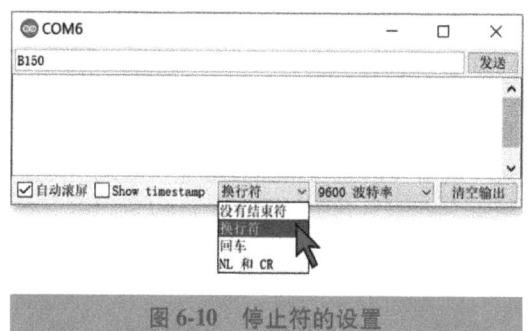

图 6-10　停止符的设置

6.2　IIC 通信的实现

集成电路(Inter-Integrated Circuit, IIC)总线通信也属于一种串行通信方式,由 Philips 公司在 20 世纪 80 年代,为了方便主板、嵌入式系统与周边设备连接而提出。IIC 也可写作 I^2C,它使用了多主从架构,通过两根双向的总线(数据线 SDA 和时钟线 SCL),允许连接不超过128 个设备,如图 6-11 所示。在总线空闲状态时,这两根线一般被上面所接的上拉电阻拉高,保持着高电平。实际使用时,很多外接 IIC 模块已经内置上拉电阻,所以外围电路中可以省略上拉电阻。

Arduino 控制板也把其内部集成的这种 IIC 总线称为双线串口(Two-Wire serial Interface, TWI)。

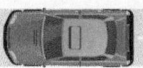

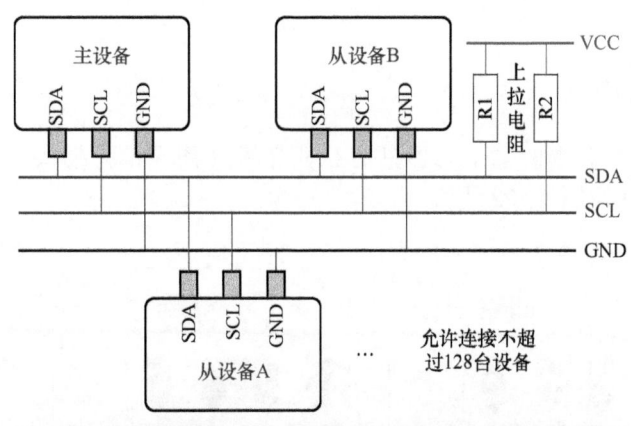

图 6-11　IIC 总线多台设备连接示意图

IIC 总线通信连接的设备通常包含一台主设备（Master）和若干台从设备（Slave），这与串口通信一对一的连接方式不一样。IIC 总线连接的主设备负责启动和终止数据传送，同时还要发送时钟信号；从设备各自有独立的地址，且允许被主设备寻址激活，能及时响应主机的通信请求。

使用串口通信时，两台设备需要预先设定相同的波特率，通信才能正常进行。而使用 IIC 通信时，通信的速率由主设备控制，主设备会通过 SCL 端子输出时钟信号供总线上的所有从设备使用。总线上各设备的 SDA 端子负责通信数据的传输，总线上数据的发送和接收由主设备控制切换。

目前经常使用的 Arduino UNO R3 控制板，除了模拟输入端子 A4 和 A5 外，数字端子那列排母的尾部也布置了 SDA 和 SCL 端子，如图 6-12 所示。

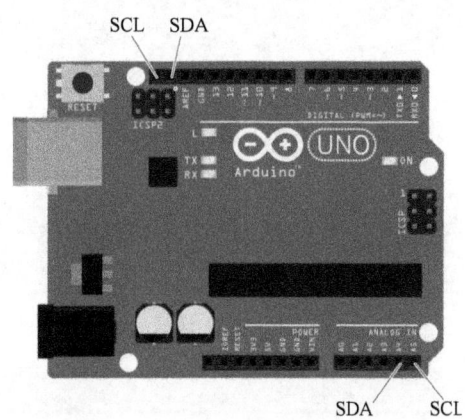

图 6-12　Arduino UNO R3 控制板上 IIC 端子位置

Arduino MEGA 2560 控制板的 SDA 功能引脚为数字端子 20，SCL 功能引脚为数字端子 21。

【任务 6.2】利用 IIC 通信实现发光二极管交替闪烁

✒ 任务要求描述

编写代码应用 IIC 通信连接两块 Arduino UNO 控制板，控制连接在两块板子上的发光二极管实现交替闪烁。

控制电路连接

本电路（图6-13）包含的电子元器件有：杜邦线（两端都是插头，4根），发光二极管（2个），Arduino UNO 控制板（2块）。

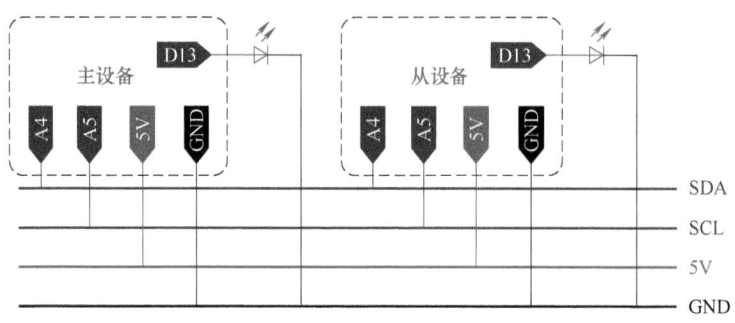

图 6-13　IIC 通信控制 LED 闪烁的电路连接示意图

按示意图连接后的电路效果如图 6-14 所示。

图 6-14　IIC 通信控制 LED 交替闪烁的电路连接效果

控制程序上传

主设备发送一个数字（0 或 1）到从设备，从设备接收到该数字后控制 LED 亮灭（0 熄灭，1 点亮），并将该数字取反后发送给主设备。主设备接收到该数字后控制 LED 亮灭（0 熄灭，1 点亮），并将该数字直接发送给从设备，如此循环。

主设备对应的控制程序如图 6-15 所示。

从设备对应的控制程序如图 6-16 所示。

sketch_602_slave

```
1 #include <Wire.h>
2 #define slaveLedPin 13
3 boolean slaveSend,slaveReceive;
4
5 void setup(){
6   Wire.begin(6);
7   Wire.onReceive(receiveEvent);
8   Wire.onRequest(requestEvent);
9   pinMode(slaveLedPin,OUTPUT);
10 }
11
12 void loop(){
13
14 }
15
16 void receiveEvent(){
17   while(Wire.available()>0){
18     slaveReceive = Wire.read();
19   }
20   digitalWrite(slaveLedPin,slaveReceive);
21   slaveSend = !slaveReceive;
22 }
23
24 void requestEvent(){
25   Wire.write(slaveSend);
26 }
```

sketch_602_master

```
1 #include <Wire.h>
2 #define masterLedPin 13
3 boolean masterSend = 0,masterReceive;
4
5 void setup(){
6   Wire.begin();
7   pinMode(masterLedPin,OUTPUT);
8 }
9
10 void loop(){
11   Wire.beginTransmission(6);
12   Wire.write(masterSend);
13   Wire.endTransmission();
14   Wire.requestFrom(6, 1);
15   while(Wire.available()>0){
16     masterReceive = Wire.read();
17   }
18   digitalWrite(masterLedPin,masterReceive);
19   delay(500);
20   masterSend = masterReceive;
21 }
```

图 6-15 主设备控制程序   图 6-16 从设备控制程序

 **运行效果查看**

请使用手机扫描二维码查看运行效果。

控制程序解析

1. 主设备控制程序解析

主设备程序第 1~3 行，分别导入 IIC 通信所用到的 Wire 库；设定发光二极管对应主设备控制端子编号；设定布尔型变量 masterSend 用于存储主设备准备发送的信息并赋予初始值"0"，布尔型变量 masterReceive 用于存储主设备接收到的信息。

主设备程序第 5~8 行是初始化设置部分。第 6 行代码，Wire.begin 函数初始化 Wire 库，并声明该设备作为主设备启动 IIC 通信；第 7 行代码，将发光二极管对应端子设置为输出模式。

主设备程序第 10~21 行是循环执行的部分。第 11 行代码，Wire.beginTransmission 函数将主设备连接编号为"6"的从设备，准备发送数据；第 12 行代码，将变量 masterSend 对应参数发送到已建立连接的从设备（本示例中是 6 号设备）；第 13 行代码，Wire.endTransmission 函数停止主设备数据发送；第 14 行代码，Wire.requestFrom 函数通知编号为"6"的从设备上传"1"个字节数据到主设备；第 15 行代码，使用 while 函数判断通信链路中是否有数据传输过来；第 16 行代码，将通信链路中传输过来的参数赋值给变量 masterReceive；第 18 行代码，根据从设备发送过来的参数控制主设备上 LED 的亮灭（参数为"1"时亮，参数为"0"时灭）；第 19 行代码，让 LED 状态保持 0.5s；第 20 行代码，将 masterReceive 对应参数赋值给 masterSend。

2. 从设备控制程序解析

与主设备程序类似，从设备程序第 1~3 行，分别导入 IIC 通信所用到的 Wire 库；设定发光二极管对应从设备控制端子编号；设定布尔型变量 slaveSend 用于存储从设备准备发送的信息，布尔型变量 slaveReceive 用于存储从设备接收到的信息。

从设备程序第 5~10 行，是初始化设置部分。第 6 行代码，Wire. begin 函数初始化 Wire 库，并声明该设备作为编号为"6"的从设备加入 IIC 通信，Wire. begin 函数后面的括号若为空表示该设备为主设备，括号内若有数字则表示该设备作为从设备加入 IIC 通信且数字为该从设备的编号）；第 7 行代码，Wire. onReceive 函数声明了接收事件函数的名称为"receiveEvent"，该事件函数对应第 16~22 行代码；第 8 行代码，Wire. onRequest 函数声明了应答事件函数的名称为"requestEvent"，该事件函数对应第 24~26 行代码；第 9 行代码，将发光二极管对应端子设置为输出模式。

从设备程序第 12~14 行属于循环执行部分，指令代码为空，不执行任何操作。

从设备程序第 16~22 行属于接收事件部分，用于接收主设备发送过来的数据。第 17 行代码，使用 while 函数判断通信链路中是否有数据传输过来；第 18 行代码，将通信链路中传输过来的参数赋值给变量 slaveReceive；第 20 行代码，从设备发送过来的参数控制设备上 LED 的亮灭（参数为"1"时亮，参数为"0"时灭），这个亮或灭的状态将保持到下一个控制指令过来之前；第 21 行代码，则将刚从主设备接收到的参数取反后赋值给变量 slaveSend。

从设备程序第 24~26 行属于应答事件部分，用于响应主设备的请求信号，是对主设备程序第 14 行代码中 Wire. requestFrom（6，1）函数的回应。从设备程序第 25 行代码，使用 Wire. write 函数向主设备发送信息。

6.3 SPI 通信的实现

串行外设接口（Serial Peripheral Interface，SPI）是 Motorola 公司推出的一种高速的、全双工、同步的串行通信总线。SPI 通信通常由一台主设备和若干台从设备组成，主设备选择一个从设备进行同步通信，从而完成数据的交换。SPI 是一个环形结构，通信时需要至少 4 根线：MISO（Master Input Slave Output）、MOSI（Master Output Slave Input）、SCLK（Serial Clock）、CS（Chip Select），如图 6-17 所示（若是单向数据传输只使用到其中的 3 根线）。

SPI 通信 4 个连接端子的功能见表 6-1。

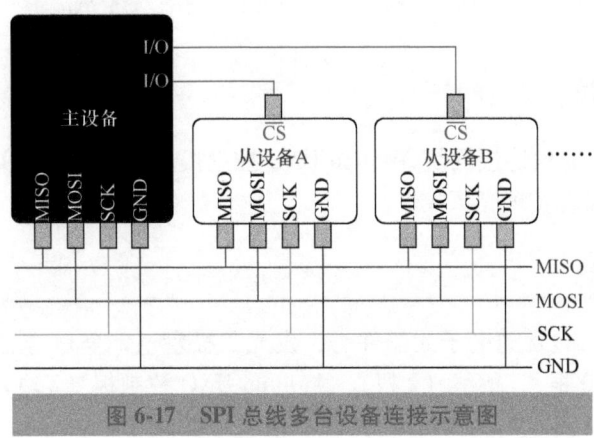

图6-17 SPI总线多台设备连接示意图

表6-1 SPI通信4个连接端子的功能

端子名称	功　　能	对应 Arduino UNO 端子号	对应 Arduino MEGA 2560 端子号
MISO	主设备数据输入，从设备数据输出	12	50
MOSI	主设备数据输出，从设备数据输入	11	51
SCLK	时钟信号，由主设备产生	13	52
CS	从设备使能信号，通常由主设备的输入/输出端子控制	10 或可选其他任何数字端子	53 或可选其他任何数字端子

多数 Arduino 控制板都带有 ICSP 接口，因此也可以使用 ICSP 接口中对应的端子来实现 SPI 通信，ICSP 位置及相关端子名称如图6-18 所示。

图6-18 ICSP 位置及相关端子名称

通常 Arduino 控制板在 SPI 通信中都是作为主设备使用的。如果 SPI 总线中连接了多个从设备，那么需要使用某一从设备时，需要将该从设备的 CS 端子电位拉低（表示选中该设备），并将其他从设备的 CS 端子电位拉高（暂时释放这些未使用设备）。

特别注意的是：虽然 Arduino 控制板可能使用其他输入/输出端子控制从设备的 CS 端子，但仍需要将其默认的 CS 端子（UNO 控制板是 10 号端子，MEGA 2560 控制板是 53 号端子）设置为输出状态，以确保 SPI 通信正常进行。

SPI 通信的一个缺点：没有指定的流控制，没有应答机制确认是否接收到数据。

【任务 6.3】利用 SPI 通信实现发光二极管的亮灭控制

任务要求描述

编写代码应用 SPI 通信连接两块 Arduino UNO 控制板，使用按钮开关信号完成对连接在另外一块板上的发光二极管实现亮灭控制。

控制电路连接

本电路（图 6-19）包含的电子元器件有：发光二极管（2 个），按钮开关（2 个），杜邦线（两端都是插头，10 根），跳线（2 根），Arduino UNO 控制板（2 块）。

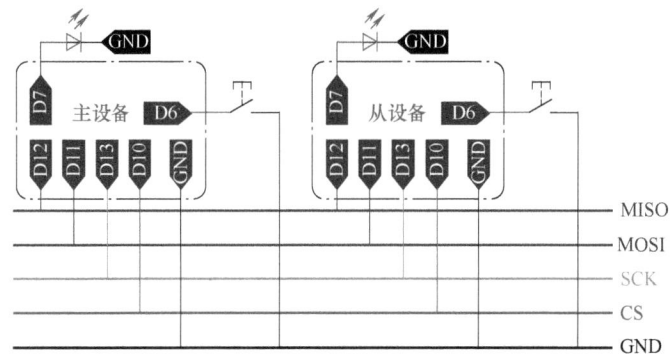

图 6-19 SPI 通信控制 LED 亮灭的电路连接示意图

为了简化连接，使用一根与 D6 号端子相连的杜邦线插入 GND 端子表示接通开关，拔出则表示断开。按示意图连接后的电路效果如图 6-20 所示。

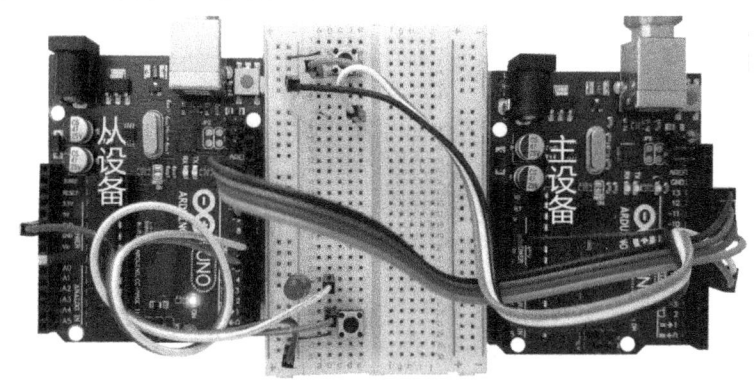

图 6-20 SPI 通信控制 LED 亮灭的电路连接效果

控制程序上传

主设备外接的开关控制从设备外接的 LED，从设备外接的开关控制主设备外接的 LED，主从设备之间通过 SPI 实现通信。主设备对应的完整控制程序如图 6-21 所示。

从设备对应的完整控制程序如图 6-22 所示。

sketch_703_Slave

```
1  #include<SPI.h>
2  #define ledPin 7
3  #define buttonPin 6
4  boolean receiveState;
5  byte slaveReceive,slaveSend;
6
7  void setup(){
8    pinMode(buttonPin,INPUT_PULLUP);
9    pinMode(ledPin,OUTPUT);
10   pinMode(MISO,OUTPUT);
11   SPCR |= _BV(SPE);
12   receiveState = false;
13   SPI.attachInterrupt();
14 }
15
16 ISR (SPI_STC_vect){
17   slaveReceive = SPDR;
18   receiveState = true;
19 }
20
21 void loop(){
22   if(receiveState){
23     digitalWrite(ledPin,!slaveReceive);
24     slaveSend = digitalRead(buttonPin);
25     SPDR = slaveSend;
26     delay(100);
27   }
```

sketch_703_Master

```
1  #include<SPI.h>
2  #define ledPin 7
3  #define buttonPin 6
4  byte masterSend,masteReceive;
5
6  void setup(){
7    pinMode(buttonPin,INPUT_PULLUP);
8    pinMode(ledPin,OUTPUT);
9    SPI.begin();
10   SPI.setClockDivider(SPI_CLOCK_DIV8);
11 }
12
13 void loop(){
14   masterSend = digitalRead(buttonPin);
15   digitalWrite(SS, LOW);
16   masterReceive=SPI.transfer(masterSend);
17   digitalWrite(SS, HIGH);
18   digitalWrite(ledPin,!masterReceive);
19   delay(100);
20 }
```

图 6-21 主设备对应的完整控制程序

图 6-22 从设备对应的完整控制程序

 运行效果查看

请使用手机扫描二维码查看运行效果。

控制程序解析

1. SPI 库部分函数解析

主设备程序第 9 行，SPI. begin 函数的功能是初始化 SPI 总线，将 MOSI、SCK 和 SS 对应端子设置为输出模式，且 MOSI 和 SCK 对应端子设置为低电位，SS 对应端子设置为高电位。

主设备程序第 10 行，SPI. setClockDivider（divider）函数的功能是相对于系统时钟为 SPI 时钟设置分频。目前 Arduino UNO 控制板使用的 AVR 芯片分频系数可以为 2、4、8、16、32、64 或者 128。默认 divider 设置为 SPI_CLOCK_DIV4，即设置 SPI 时钟为系统时钟的 1/4（如果控制板的时钟频率为 16MHz，则 SPI 为 4MHz）。divider 也可以设置为 SPI_CLOCK_DIV2、SPI_CLOCK_DIV8、SPI_CLOCK_DIV16、SPI_CLOCK_DIV32、SPI_CLOCK_DIV64、SPI_CLOCK_DIV128。通常 Arduino UNO 控制板的时钟频率为 16MHz，所以本行代码运行后的效果是设置

SPI 通信频率为 2 MHz。

主设备程序第 16 行，SPI. transfer（val）函数的功能是基于 SPI 通信同时发送和接收数据，函数的返回值就是接收的数据，参数 val 的值则是发送的数据。该函数一般用于主设备，通过轮询的方式等待数据发送完成（也即同时接收完成），从设备中一般不能使用该函数，否则容易造成信道拥堵。

从设备程序第 13 行，SPI. attachInterrupt 函数可以启动 SPI 传输完成中断，这个函数一般只用于从设备。

2. 主设备控制程序解析

主设备程序第 1~4 行，分别导入 SPI 库；设定发光二极管和按钮开关对应的控制端子编号；设定字节型变量 masterSend 用于存储主设备准备发送的信息，变量 masterReceive 用于存储主设备接收到的信息。

第 6~11 行代码是程序初始化相关的内容。其中第 7 行，将开关信号输入端子设置为输入模式（同时启用内部上拉功能）；第 8 行，将发光二极管对应端子设置为输出模式；第 9 行和第 10 行则调用 SPI 库相关函数，设置主设备相关参数。

第 13~20 行代码是主程序部分。其中第 14 行，读取主设备连接的开关信号，并将其赋值给变量 masterSend，开关按下其值为"0"，开关松开其值为"1"；第 15 行，将 SS 端子电位拉高，与连接选定的从设备建立连接；第 16 行，将 masterSend 存储的数据通过 SPI 通信发送给从设备，并将收到的数据存储给变量 masterReceive；第 17 行，将 SS 端子电位拉低，断开选定的从设备；第 18 行，根据变量 masterReceive 的值设置发光二极管对应端子电位的高低，若接收到的 masterReceive 值为"0"，经过取反符号后其值为"1"，将点亮与主设备连接的发光二极管。

3. 从设备控制程序解析

从设备程序第 1~5 行，分别导入 SPI 库；设定发光二极管和按钮开关对应的控制端子编号；设定布尔型变量 receiveState 用于标记信息是否接收完毕；设定字节型变量 slaveSend 用于存储从设备准备发送的信息，变量 slaveReceive 用于存储从设备接收到的信息。

从设备第 7~14 行代码是初始化相关的内容。其中第 8 行，将开关信号输入端子设置为输入模式（同时启用内部上拉功能）；第 9 行，将发光二极管对应端子设置为输出模式；第 11 行代码是直接寄存器操作，该函数并不是 SPI 库中的函数，其作用是启动从设备的 SPI 通信；第 12 行代码，将信息是否接收完毕的变量 receiveState 初始化设置为 false；第 13 行代码启动传输完成中断，每轮传输完成后执行一次中断内容（即本示例中第 16~19 行代码）。

从设备第 16~19 行代码是每轮 SPI 通信结束后触发的内容，SPDR 是指 SPI 通信的数据寄存器，所以第 17 行代码是将从主机接收到的信息存储到变量 slaveReceive 中；第 18 行代码则将 receiveState 的标志改变为 true，是进入第 22 行开始的选择结构的前提。

从设备第 21~28 行代码是主程序部分。其中第 22 行，判断此时接收状态是否为"TRUE"，如果为真，继续执行第 23~26 行内容，否则跳出该选择结构。第 23 行，将从设备 ledPin 对应端子的电位设置为 slaveReceive 取反后的值。第 24 行，将从开关连接端子读取到的电位值赋值给变量 slaveSend。第 25 行，将 slaveSend 赋值给 SPDR，准备发送给主设备。第 26 行是延时函数，控制程序循环执行的间隔时间。

项目 7

泊车辅助系统的设计

泊车辅助系统（或称倒车雷达）是一种安装在汽车前、后保险杠上，能在汽车泊车或者倒车时使用的安全辅助装置（图7-1），它能够通过图像、声音或者更为直观的显示，告知驾驶员周围障碍物的情况，帮助驾驶员扫除视野死角和克服视线模糊的缺陷，提高驾驶的安全性。

图 7-1　泊车辅助系统探头安装位置

泊车辅助系统（图7-2）通常包含超声波探头、控制主机以及显示提醒装置等部件。超声波探头集成了超声波发射和接收探测功能，控制主机则将超声波探头采集到的信号进行处理，转换成距离信息，然后通过显示提醒装置显示距离信息或发出报警提示声音。

根据频率范围不同，声波可分为次声波、声波和超声波。声波在 20Hz～20kHz 的范围内时，可为人耳所感觉，称为声波；20Hz 以下的机械振动人耳听不到，称为次声波；频率高于 20kHz 的机械振动称为超声波。一些声波频率的比较如图7-3所示。

泊车辅助系统使用的超声波工作频率一般为 40kHz，远高于人耳的辨识范围，所以人们听不见其工作过程发出的声波。超声波测距是利用其反射特性来实现的。超声波测距的原理是：通过超声波发射器发出超声波信号，再由超声波接收器连续检测超声波发射后遇到障碍物所反射的回波，由测出的从发射到接收到回波的时间差来计算障碍物到车体的距离。

超声波泊车辅助系统就是利用超声波测距原理，测量出障碍物到车体的距离，并通过显示屏来显示倒车距离。

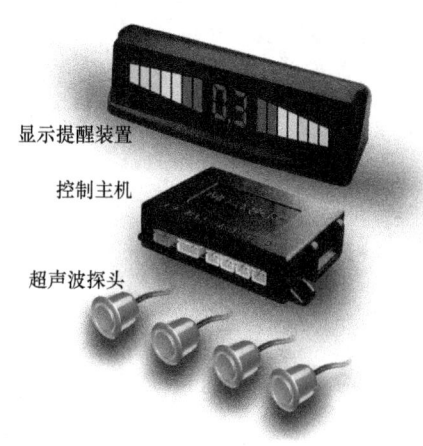

图 7-2 泊车辅助系统的组成部件

显示提醒装置

控制主机

超声波探头

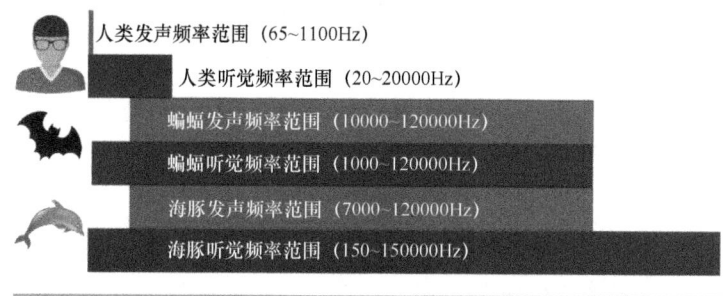

人类发声频率范围（65~1100Hz）

人类听觉频率范围（20~20000Hz）

蝙蝠发声频率范围（10000~120000Hz）

蝙蝠听觉频率范围（1000~120000Hz）

海豚发声频率范围（7000~120000Hz）

海豚听觉频率范围（150~150000Hz）

图 7-3 一些声波频率的比较

7.1 超声波传感器的使用

超声波传感器型号众多，其中比较常用的一种超声波测距模块是 SR04。SR04 带有 1 个超声波发射探头、1 个超声波接收探头以及控制电路（图 7-4），测量范围是 2~400cm，测量精度可达 3mm。

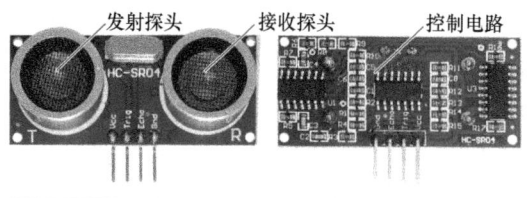

发射探头　接收探头　控制电路

图 7-4 SR04 超声波测距模块结构

【任务 7.1】 超声波测距功能的实现

任务要求描述

编写控制程序，通过串口监视器可以获取 SR04 超声波测距模块与障碍物之间的距离。

控制电路连接

本电路（图 7-5）包含的电子元器件有：SR04 超声波测距模块（1 块），杜邦线（一端是插头，一端是插座，4 根），Arduino UNO 控制板（1 块）。

SR04 超声波测距模块有 Vcc、Trig、Echo、Gnd 共 4 个接线端子，其中 Vcc 接 5V 电源正极，Gnd 接电源负极，Trig 是触发信号输入，Echo 则是回声信号输出。本任务案例中将 Vcc、Trig、Echo、Gnd 这 4 个端子分别接 5V 端子、数字端子 2、数字端子 3、GND 端子，连接完成后如图 7-5 所示。

图 7-5　超声波测距模块控制电路连接示意图

为了简化连接，可以直接将杜邦线的插头连接 Arduino 对应端子，插座连接超声波测距模块的接线端子，按示意图连接后的电路效果如图 7-6 所示。

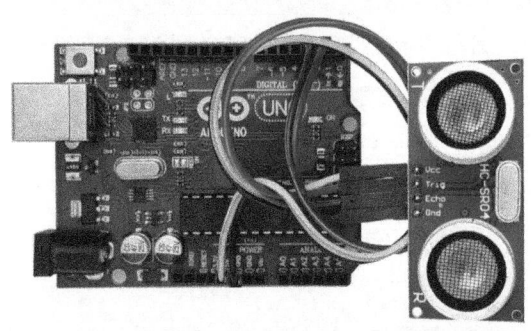

图 7-6　超声波测距模块控制电路连接效果

控制程序上传

如图 7-7 所示，当控制板向 Trig 端子发送 10μs 的高电平信号后，模块被触发，其发射探头朝某一方向发射超声波信号（8 个频率为 40kHz 的脉冲信号），发射超声波信号的同时开始计时（Echo 端子开始输出高电平信号）。超声波碰到障碍物后立即返回，接收探头接收到被障碍物反射回来的信号后立即停止计时（Echo 端子停止输出高电平信号）。Echo 高电平的持续时间就是超声波信号在空气中的传播时间。

超声波在空气中的传播速度为 340m/s（0.034cm/μs），设控制板检测到超声波模块 Echo 端子高电平的持续时间（超声波来回时间）为 t（单位：μs），则可以计算出超声波测距模块与障碍物之间的距离 $s = 0.034 \times (t/2)$，计算得到的距离 s 的单位是厘米（cm），如图 7-8 所示。

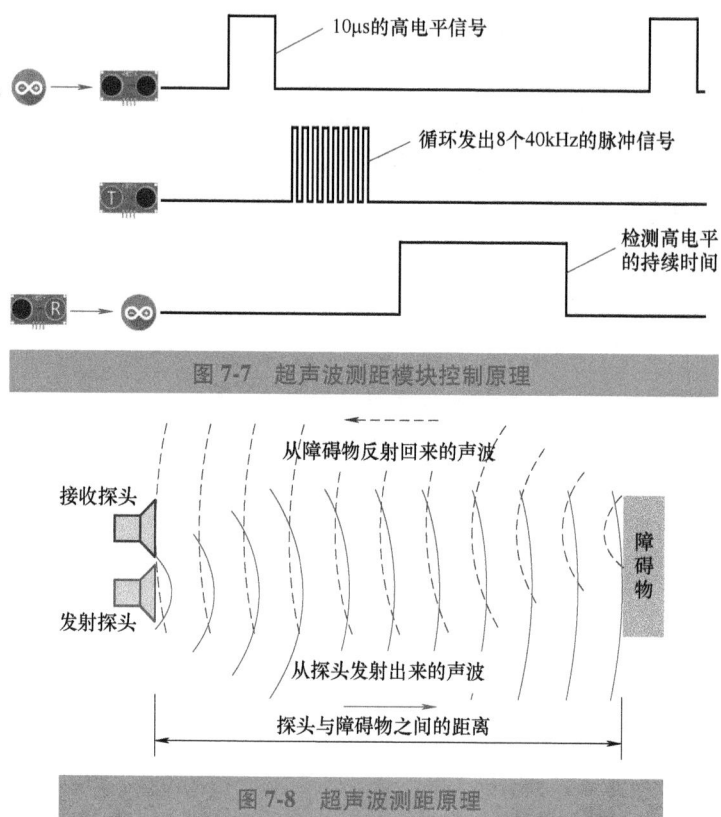

图 7-7　超声波测距模块控制原理

图 7-8　超声波测距原理

根据上面的原理分析，编写得到完整的示例程序如图 7-9 所示。

```
sketch_601
1  #define trigPin 2
2  #define echoPin 3
3
4  float distance; //存储最终结果
5  float temp; //存储计算过程数值
6
7  void setup() {
8    Serial.begin(9600);
9    pinMode(trigPin, OUTPUT);
10   pinMode(echoPin, INPUT);
11 }
12
13 void loop() {
14   digitalWrite(trigPin, LOW);
15   delayMicroseconds(2);
16   digitalWrite(trigPin,HIGH);
17   delayMicroseconds(10);
18   digitalWrite(trigPin, LOW);
19
20   temp = float(pulseIn(echoPin, HIGH));
21   distance = (temp * 17 )/1000;
22
23   Serial.print(" 探头与障碍物之间的距离 = ");
24   Serial.print(distance);
25   Serial.println("厘米");
26   delay(1000);
27 }
```

图 7-9　超声波测距控制程序

运行效果查看

打开 Arduino IDE 中的串口监视器，观察改变挡板距离时，串口监视器中显示距离的变化。

请使用手机扫描二维码查看运行效果。

控制程序解析

1. 宏定义的使用

第 1 行代码，define 是宏定义，属于 C 语言中预处理命令的一种，其一般形式为 "#define 宏名 字符串"。其中 "#" 表示这是一条预处理命令；"define" 为宏定义命令；所定义的 "宏名" 为标识符；"字符串" 可以是常数、表达式、格式串等。在项目 4 中已经介绍过，使用宏定义后，后面直接用宏名称指代其对应的端子号。

因为宏定义属于预处理指令，所以该语句在程序编译之前就被运行，不需要耗费内存来存放，特别适用于内存资源紧张的应用场景。

2. float 型变量的使用

因为变量 distance 和 temp 需要存储带小数点的数据而非整数，所以定义它们的数据类型是 float（浮点型）。Float 变量属于单精度型浮点数据，与整型数据相比运算比较消耗资源，而且会有一定误差。但本示例中因为想获得包含小数点后两位的数据，所以这里用了浮点型定义数据类型。

3. 启动超声波模块

根据图 7-7 所示的超声波测距模块控制原理，第 14 行代码通过控制板的 trigPin 端子（D2 端子）先给模块的 Trig 端子发送一个低电位信号，并保持 2μs（第 15 行代码），让超声波模块准备就位；接着第 16 行代码给模块的 Trig 端子发送一个高电位信号，并保持 10μs（第 17 行代码），启动超声波模块；最后再给模块的 Trig 端子发送一个低电位信号，结束发送启动指令。

4. pulseIn 函数的使用

pulseIn 函数用于检测指定引脚上的脉冲信号宽度。比如第 20 行代码，pulseIn 函数监测 "echoPin" 指代的数字端子 3，并等待其输入的电平变高，当变高后开始计时，直到其输入电平变低，停止计时。pulseIn 函数会返回这个高电平脉冲信号的持续时间。

如果将第 20 行代码的 pulseIn 函数更改成 "pulseIn（Echo，LOW）"，则会返回低电平脉冲信号的持续时间。

pulseIn 函数返回值的单位是微秒（μs），数据类型为无符号长整型。

5. 距离信息的单位换算

声波在空气中的传播速度是 340m/s，为了统一单位方便计算，可以转换成 0.034cm/μs。声波从发射探头出发，一直到接收探头结束，一来一回，其在空气中传播的距离是探头到障碍物之间的距离的 2 倍。

因此，探头到障碍物之间的距离 distance =（temp×0.034）/2。如第 21 行代码所示，为了便于芯片运算，可以将计算公式转换成 "distance =（temp * 17）/1000"。

6. 串口打印函数的使用

如第 23~25 行代码所示，两个串口打印函数的区别是执行完语句 Serial. print 后，串口监视器显示内容不换行；而执行完语句 Serial. println 后，串口监视器显示内容换行。

第 26 行代码使用的 delay 函数则是限制了串口监视器中显示内容的刷新频率，保证了显示内容可以被清晰读取。

【任务 7.2】库文件的导入

库就是把一些函数封装好，保存为独立文件，使用时直接调用就行。Arduino 平台的优点之一就是提供了大量成熟稳定的库文件，这些库文件把一些模块复杂的功能控制封装起来，开发者通过调用这些库文件，简单设置一些参数后就能快捷完成模块的复杂控制。

Arduino 的库通常包含标准库和第三方库。标准库在完成 Arduino IDE 的安装后就已经自动导入，编程时只需要直接调用就行。第三方库则需要编程人员自行导入。编程人员也可以自行编写一些第三方库文件自己使用或提交到公开网络共享给其他开发者。部分标准库文件名称与功能介绍见表 7-1。

表 7-1　部分标准库文件名称与功能介绍

序号	库文件名称	主 要 功 能
1	EEPROM	对"永久存储器"进行读和写
2	Ethernet	用于通过 Arduino 以太网扩展板连接到互联网
3	Firmata	与计算机上应用程序通信的标准串行协议
4	LiquidCrystal	控制液晶显示屏（LCD）
5	SD	对 SD 卡进行读写操作
6	Servo	控制伺服电动机
7	SPI	与使用串行外设接口（SPI）总线的设备进行通信
8	SoftwareSerial	使用任何数字引脚进行串行通信
9	Stepper	控制步进电动机
10	WiFi	用于通过 Aduino 的 WiFi 扩展板连接到互联网
11	Wire	双总线接口（TWI/I^2C）通过网络对设备或者传感器发送和接收数据
12	PWM Frequency Library	自定义 PWM 频率

现以 SR04 超声波测距模块相关库文件的导入为例介绍第三方库的导入方法。

（1）从网络上找到相应的库文件压缩包，并下载。

（2）打开 Arduino IDE，选择"项目"→"加载库"→"添加 . ZIP 库"菜单命令，如图 7-10 所示。

（3）选择已经下载准备好的库文件的压缩包（对应压缩包文件名为 SR04. zip），如图 7-11 所示。

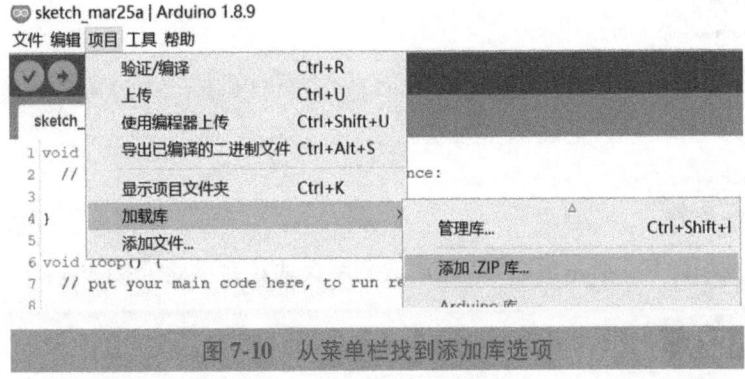

图 7-10 从菜单栏找到添加库选项

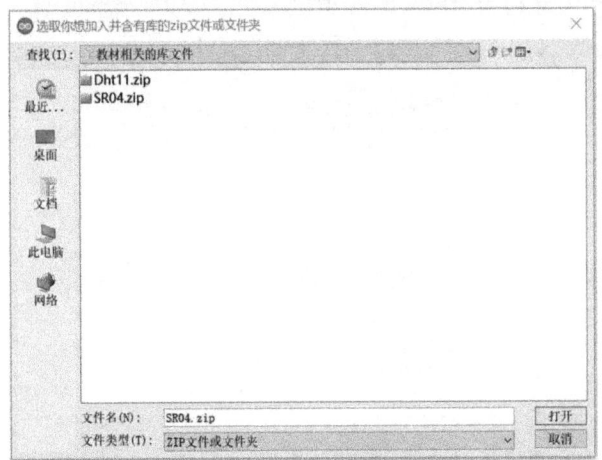

图 7-11 选择库文件压缩包

（4）可以在 IDE 上直接查看到该库相关的示例代码（图 7-12），检查是否导入成功。

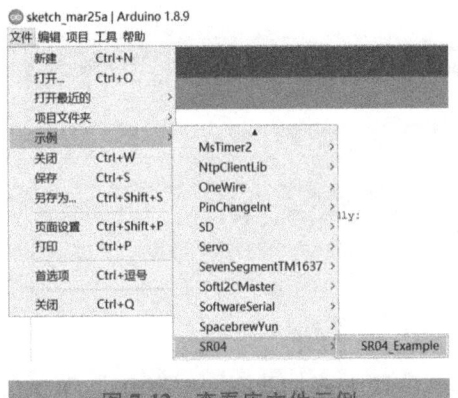

图 7-12 查看库文件示例

还可以直接将压缩包解压缩到 Arduino IDE 安装路径下的 libraries 文件夹，然后直接打开 IDE（如果 IDE 之前就已经打开，那么要先关闭然后再打开）就可以查看相关示例或直接加载。

任务要求描述

调用库文件"SR04.h"，编写程序使得串口监视器可以显示 SR04 超声波测距模块与障碍物之间的距离。

控制电路连接

本任务继续使用图 7-5 所示的 SR04 超声波测距模块控制电路连接方式。

控制程序上传

可以通过图 7-12 的方式打开 SR04 库的示例文件"SR04_Example"后直接上传。为了方便理解，也可以对其进行改写，完整的控制程序如图 7-13 所示。

```
sketch_602
1 #include "SR04.h"
2 #define trigPin 2
3 #define echoPin 3
4 SR04 AAA = SR04(echoPin,trigPin);
5 long distance;
6
7 void setup() {
8     Serial.begin(9600);
9     delay(1000);
10 }
11
12 void loop() {
13     distance = AAA.Distance();
14     Serial.print(" 探头与障碍物之间的距离 = ");
15     Serial.print(distance);
16     Serial.println("厘米");
17     delay(1000);
18 }
```

图 7-13　导入库文件显示模块与障碍物的距离控制程序

运行效果查看

请使用手机扫描二维码查看运行效果。

控制程序解析

1. 导入库文件

打开 Arduino IDE，选择"项目"→"加载库"→"SR04"菜单命令（图 7-14），系统自动会在代码编辑区添加相关库文件导入代码（如第 1 行代码）。

也可以直接输入文本"#include "SR04.h";"，导入库文件 SR04.h。

2. 创建测距模块对象名称

第 4 行代码，建立了一个类型名为"SR04"（类型名称已经被库文件定义好）的对象

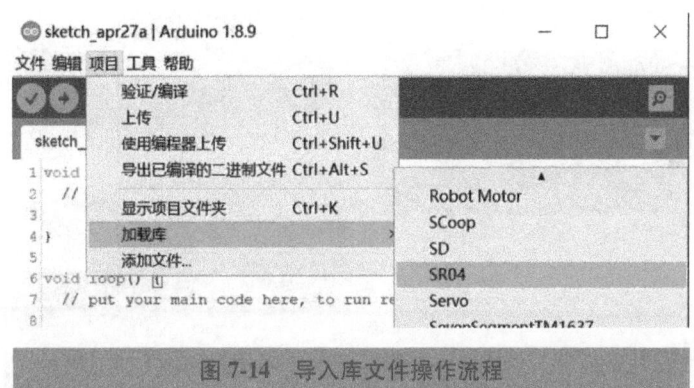

图7-14　导入库文件操作流程

"AAA"（对象名一般命名为易记易区分的名字），赋值符号后面则是调用了SR04类的构造函数对"AAA"这个对象进行初始化，设定这个模块的Echo端子和Trig端子分别与Arduino控制板的端子3和端子2连接。

如果一块Arduino控制板同时连接了多个超声波测距模块，应该使用不同的名称命名对象。每个对象所指代的测距模块必须使用构造函数设定与Echo和Trig端子连接的Arduino控制板对应的端子编号。

3. 从类库函数中获取返回值

Distance是SR04类库中定义的函数，它可以返回当前超声波测距模块测得的距离值。第13行代码中的AAA.Distance( )，即返回AAA这个对象测得的距离。因为库文件中已设定该返回值的数据类型为long，所以还采用了一个long型变量"distance"来存储这个返回值。

Arduino类库的使用可以将外围模块相对比较复杂的控制语句封装起来，极大程度上降低了程序设计难度，大幅度减少了控制代码，同时也提高了程序的可读性，让编程工作更加直观和方便。

4. 关于库文件使用的提示

由于Arduino的开源特性，网络上搜索下载到的同样名称的库文件，可能其内部数据类型、函数等设定完全不一样。因此，安装好已下载的库文件后，先打开其对应示例程序，了解构造函数的名称和结构、传递参数的数据类型等设定，才能使用得更顺利。

7.2　液晶显示模块的使用

本节采用的液晶显示模块可以显示2行，每行16个字符，因此又称为1602液晶显示模块（1602 Liquid Crystal Display，1602 LCD），如图7-15所示。

1602液晶显示模块通常集成了字库芯片，通过Liquid Crystal类库提供的API，可以很方便地显示英文字母和一些符号。常见的1602液晶显示模块有16个接线端子，每个端子的符号及连接说明见表7-2。

图 7-15　带背光的 1602 液晶显示模块

表 7-2　1602 液晶显示模块端子符号及连接说明

端子编号	1	2	3	4	5	6	7	8
符号	VSS	VDD	V0	RS	RW	E	D0	D1
说明	显示屏负极	显示屏正极	对比度控制	指令/数据寄存器选择	读写信号选择	使能	数据总线	数据总线
端子编号	9	10	11	12	13	14	15	16
符号	D2	D3	D4	D5	D6	D7	A	K
说明	数据总线	数据总线	数据总线	数据总线	数据总线	数据总线	背景灯正极	背景灯负极

其中，3 号端子 V0 是液晶显示屏对比度的调整控制端子。该端子接到电源正极时对比度最弱，显示痕迹最淡；该端子接地时对比度最高，但对比度过高时会产生"鬼影"，同样无法清晰地看到显示内容。所以该端子通常连接一个 10kΩ 的可调电阻使用。

4 号端子 RS 为指令/数据寄存器选择端子，高电平时选择数据寄存器，低电平时选择指令寄存器。5 号端子 RW 为读写信号选择端子，高电平时进行读操作，低电平时进行写操作，本书示例不涉及读操作，所以一般都在程序初始化时将这个端子设为低电位。6 号端子 E 为使能端子，当 E 端子由高电平跳变成低电平时，液晶模块执行命令。

1602 液晶显示模块的行号和列号都是从"0"开始的，如图 7-16 所示，第一行的行号是 row0，第一列的列号是 column0。

与在计算机上输入字符一样，在 1602 液晶显示模块上显示字符时也有光标。在控制输出字符之前需要将光标移动到需要输出字符的位置，每输出一个字符，光标会自动跳到下一个输出位置。

1602 液晶显示模块的控制涉及 7 个端子，指令比较复杂。不过 Arduino 很大的优势就是可以调用关联库的相应函数，并通过设置对应参数实现复杂的功能控制。1602 液晶显示模块使用到的

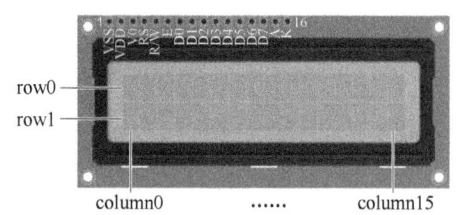

图 7-16　1602 液晶显示模块的行号和列号

函数库文件名为"Liquid Crystal"（Arduino IDE 新近版本已内置该函数库），可以使用语句"#include <LiquidCrystal. h>"调用 LiquidCrystal. h 文件。该函数库中一些常用的函数如下：

1. LiquidCrystal 函数

这是一个硬件初始化函数，用于定义 1602 液晶显示模块中控制端子和数据总线端子与 Arduino 控制板的连接情况。根据接线方式的不同，函数的使用方法也不同。

四位数据接线方式的应用格式包括：

LiquidCrystal（rs，en，d4，d5，d6，d7）

LiquidCrystal（rs，rw，en，d4，d5，d6，d7）

八位数据接线方式的应用格式包括：

LiquidCrystal（rs，en，d0，d1，d2，d3，d4，d5，d6，d7）

LiquidCrystal（rs，rw，en，d0，d1，d2，d3，d4，d5，d6，d7）

其中，参数"rs"指代连接到液晶显示模块 RS 端子的 Arduino 控制板端子；参数"rw"指代连接到 RW 的 Arduino 端子；参数"en"指代连接到 E 的 Arduino 端子；参数"d0"~"d7"指代连接到对应数据线的 Arduino 端子。

2. clear 函数

功能：清除屏幕上的所有内容，并将光标定位到屏幕左上角，即图 7-16 中的 row0、column0 对应的位置。应用格式："lcd. clear( )"，这里的"lcd"是指从 LiquidCrystal 类库中创建的对象名称。返回值：无。

3. begin 函数

功能：设置显示内容的行列数。应用格式："lcd. begin（cols，rows）"，其中"cols"指显示模块允许显示内容的列数；"rows"指显示模块允许显示内容的行数。本书示例使用的都是 1602 液晶显示模块，因此设置为"begin（16，2）"即可。返回值：无。

4. home 函数

将光标移动到左上角的位置（也即 row0、column0 对应的位置），应用格式："lcd. home( )"。

5. setCursor 函数

功能：设置光标位置。将光标定位在指定位置，如"setCursor（3，0）"是指将光标定位在第 1 排第 4 列。应用格式："lcd. setCursor（col，row）"。返回值：无。

6. print 函数

功能：将文本输出到 LCD 上。每输出一个字符，光标就会向后移动一格。应用格式："lcd. print（data）"。

这里只介绍了一些常用的函数，可以通过访问官方网站了解其他相关函数，以实现更多复杂功能。

【任务 7.3】 显示功能的实现

任务要求描述

本示例使用 Arduino UNO 控制板连接 1602 液晶显示模块，修改示例程序，在液晶显示模块上用拼音的方式显示"中国梦!"。

控制电路连接

本电路（图 7-17）包含的电子元器件有：1602 液晶显示模块（1 块），可调电阻（10kΩ，

1个），杜邦线（两端都是插头，9 根），跳线（若干），Arduino UNO 控制板（1 块）。

1602 液晶显示模块是一块并口数据传输的显示屏，可以使用两种接线方式：四位数据接线方式和八位数据接线方式。

八位数据接线方式是将 1602 液晶显示模块的 D0~D7 共 8 个数据传输端子都连接控制板，传输速度快，但也占用了控制板比较多的端子。因为使用的控制板 Arduino UNO 的数字 I/O 端子本来就少，所以后面任务中采用四位数据接线方式，即将 1602 液晶显示模块上的 D4~D7 共 4 个数据传输端子连接 Arduino UNO 控制板，对应的连接情况见表 7-3。

表 7-3   1602 液晶显示模块与 Arduino UNO 控制板连接情况

1602 液晶显示模块端子	RS	RW	E	D4	D5	D6	D7
Arduino UNO 控制板端子	D4	D5	D6	D7	D8	D9	D10

1602 液晶显示模块上与 Arduino UNO 控制板的具体连接情况如图 7-17 所示。图中电阻选择阻值为 10kΩ 的可调电阻。

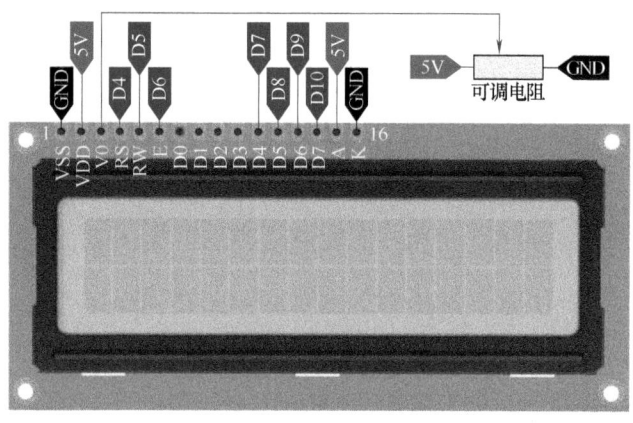

图 7-17   1602 液晶显示模块控制电路连接示意图

按示意图连接后的电路效果如图 7-18 所示。

图 7-18   1602 液晶显示模块控制电路连接效果

★ **控制程序上传**

先从一个小示例程序熟悉 1602 液晶显示模块的控制。选择"文件→示例→LiquidCrystal→HelloWorld"菜单命令，可以找到库文件自带的示例程序，如图 7-19 所示。

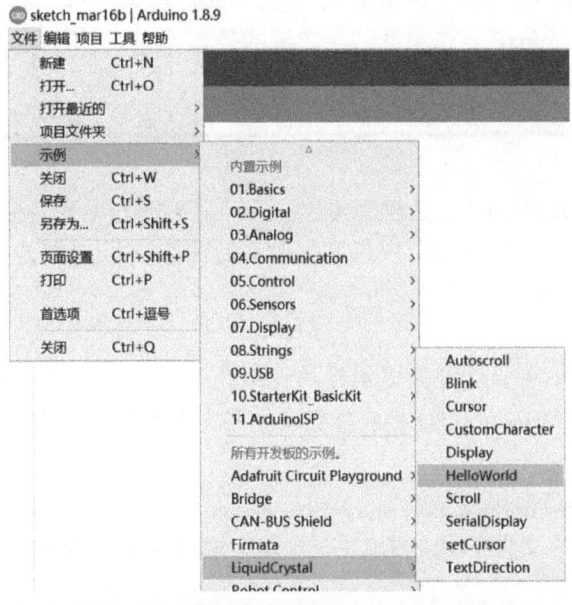

图 7-19　查看 LiquidCrystal 库的示例程序

将示例中的端子号定义按照前面电路连接情况修改成"const int rs = 4，en = 6，d4 = 7，d5 = 8，d6 = 9，d7 = 10;"（第 2 行代码），然后修改屏幕打印内容（第 8 行代码），并将程序注释内容删除，最后得到的示例代码如图 7-20 所示。

```
sketch_603
1  #include <LiquidCrystal.h>
2
3  const int rs = 4, en = 6, d4 = 7, d5 = 8, d6 = 9, d7 = 10;
4  LiquidCrystal lcd(rs, en, d4, d5, d6, d7);
5
6  void setup() {
7    pinMode(5,OUTPUT);
8    digitalWrite(5,LOW);
9    lcd.begin(16, 2);
10   lcd.print("zhong guo meng!");
11 }
12
13 void loop() {
14   lcd.setCursor(0, 1);
15   lcd.print(millis() / 1000);
16 }
```

图 7-20　1602 液晶显示"中国梦!"拼音控制程序

✎ **运行效果查看**

请使用手机扫描二维码查看运行效果。

控制程序解析

1. 常量的定义

若要给相关的端子设定名称，可以使用定义变量的方法（如"int ledPin = 13"），也可以使用宏定义的方法（如"#define ledPin 13"）。如第3行代码，对于端子编号这类在程序运行过程中不会产生变化的变量值，其实可以在变量的数据类型前面增加"const"进行声明，将常量赋值给对应的变量名。

如果同时定义多个相同数据类型的变量，只需用逗号把每个变量分隔开来即可。

2. 对象的初始化

第4行代码，"LiquidCrystal"是在库文件中已经定义好的类型名称；"lcd"则是使用的液晶显示模块的对象名称，可以根据用户喜好更改；后面小括号内则是按照一定顺序初始化的Arduino控制板的各功能端子。

3. 设置RW端子为低电平

按照任务要求，并不需要从液晶显示模块读取信号，因此可以在初始化中，将与液晶显示模块RW端子相连的Arduino UNO控制板数字端子5设置为输出模式，并设置为低电平，如第7行和第8行代码所示。

4. 设定液晶显示模块的规格

第9行代码，调用库文件的函数lcd. begin设定液晶显示模块的规格为每行显示16个字符，一共可显示2行内容。

5. 静态内容与动态内容

模块中静态显示内容一般放在setup函数内，如第10行代码；如果是需要动态更新的内容，则放在loop函数内，如第15行代码。

第15行代码中的函数millis，用于返回Arduino控制板通电到运行该语句时的毫秒数。这个数字在Arduino控制板通电后开始计时，大约50天后溢出，重新归零。本示例将函数millis的返回值除以1000，于是可以在1602液晶显示模块中看到每秒更新一次的数字。

6. 光标位置设定

第14行代码，使用库文件中的函数setCursor将光标位置设定在第0列第1行，以便将动态显示的时间信息跟前面的静态显示内容分隔开来。

第10行代码不需要另外提前设置光标位置，就能够直接按照默认光标位置在第0列第0行开始显示内容。

【任务7.4】滚动显示效果的实现

1602液晶显示模块能显示的字符数比较少，若想在一行内显示更多字符，可以采用文字滚动显示的形式。

任务要求描述

使用Arduino控制板连接1602液晶显示模块，编写代码，在液晶显示模块上用拼音的方式滚动显示"中国梦需要我们齐努力!"。

 控制电路连接

本任务继续使用图 7-17 所示的 1602 液晶显示模块控制电路连接方式。

⭐ 控制程序上传

因为普通的 1602 液晶显示模块并没有自带中文字库，所以只能显示字母、数字及部分符号。"中国梦需要我们齐努力！"这句话转换成拼音方式后需要在同一行显示的字母数量超过16 个，因此需要调用 LiquidCrystal 库中的 scrollDisplayLeft 函数来完成任务要求。控制程序如图 7-21 所示。

```
sketch_604
1 #include <LiquidCrystal.h>
2
3 const int rs = 4, en = 6, d4 = 7, d5 = 8, d6 = 9, d7 = 10;
4 LiquidCrystal lcd(rs, en, d4, d5, d6, d7);
5
6 void setup() {
7   pinMode(5,OUTPUT);
8   digitalWrite(5,LOW);
9   lcd.begin(16, 2);
10  lcd.print("zhong guo meng xu yao wo men qi nu li!");
11  delay(1000);
12 }
13
14 void loop() {
15  lcd.scrollDisplayLeft();
16  delay(500);
17 }
```

图 7-21　液晶模块滚动显示控制程序

👋 运行效果查看

请使用手机扫描二维码查看运行效果。

🚗 控制程序解析

1. 各控制端子的设定

与任务 7.3 示例相同，第 3 行代码，通过常量赋值的方式将相关端子编号赋值给 rs、en、d4 等变量，并在第 4 行代码中将这些端子参数设置赋值给"LiquidCrystal"库的新建对象 lcd。

2. 左移函数的调用

调用左移函数"lcd. scrollDisplayLeft( )"，实现显示内容每次往左移动一个字符，非常简洁。如果是向右移动，则相应改成右移函数"lcd. scrollDisplayRight( )"，实现显示内容每次往右移动一个字符。

3. 延时函数的作用

第 11 行代码，delay 函数使前面 16 个字符显示 1s 后，才开始执行后续的左移函数。

第 16 行代码，delay 函数用来控制左移速度，这里设定每隔 0.5s 向左移动一个字符。

7.3 蜂鸣器的使用

蜂鸣器（图 7-22）由振动装置和谐振装置组成，可分为无源他励型与有源自励型两种。这两种类型从外观上不易区分。

图 7-22　蜂鸣器的外观

无源他励型蜂鸣器的发声原理是：谐振装置将输入的方波信号转换为声音信号输出，如图 7-23 所示。

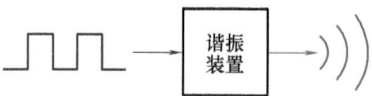

图 7-23　无源蜂鸣器发声原理

有源自励型蜂鸣器的发声原理是：直流电源经过振荡系统的放大电路、取样电路后，输入谐振装置转换为声音信号输出，如图 7-24 所示。

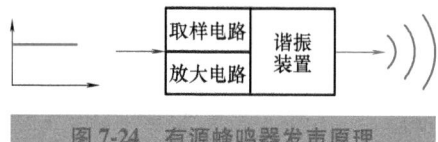

图 7-24　有源蜂鸣器发声原理

【任务 7.5】控制蜂鸣器发出报警音

任务要求描述

控制无源蜂鸣器实现急促报警音的效果。

控制电路连接

本电路（图 7-25）包含的电子元器件有：无源蜂鸣器（1 个），杜邦线（一端是插头，一端是插座，4 根），Arduino UNO 控制板（1 块）。

考虑到简化连接，可以把蜂鸣器较长的端子直接插入数字端子 11 对应的汇流排，如图 7-26 所示。

图 7-25　蜂鸣器控制电路连接示意图

图 7-26　蜂鸣器控制电路连接效果图

☆ **控制程序上传**

控制程序如图 7-27 所示。

```
sketch_605
1  void setup() {
2    pinMode(11,OUTPUT);
3  }
4
5  void loop() {
6    tone(11,2000);
7    delay(300);
8    noTone(11);
9    delay(100);//数值越小，声音越急促
10 }
```

图 7-27　蜂鸣器报警控制程序

运行效果查看

请使用手机扫描二维码查看运行效果。

控制程序解析

tone 函数可以产生固定频率的 PWM 信号来驱动蜂鸣器发声。控制蜂鸣器的端子、声调（声音的频率）和发声时间长度都可以通过调整函数内相关参数来实现。tone 函数可以有两种表达方式：

tone（pin，frequency，duration）

tone（pin，frequency）

其中参数"pin"表示产生声音的端子编号；参数"frequency"表示产生声音的频率，单位是 Hz，数据类型是 unsigned int；参数"duration"可省略，表示声音持续的时间，单位是

μs，数据类型是 unsigned long。

noTone 函数用来停止 tone 函数发出信号。noTone（pin）函数中的参数 pin 表示停止对应端子编号的 tone 函数发出信号。

7.4 泊车辅助系统的实现

前面分别介绍了超声波测距模块、液晶显示模块以及蜂鸣器的控制方法，本节则将这些模块组合到一起，编写程序以使 Arduino UNO 控制板控制它们协同工作，实现泊车辅助系统相应的功能（显示倒车距离，且有报警音提示）。

【任务7.6】综合应用各模块实现泊车辅助功能

任务要求描述

Arduino UNO 控制板分别与 SR04 超声波测距模块、1602 液晶显示模块以及无源蜂鸣器相连接，编写控制程序，探测探头与障碍物之间的距离并将其显示到 1602 液晶显示模块上。距离为 30~60cm 时，距离越小蜂鸣器的报警声音越急促；距离小于 30cm 时，蜂鸣器长鸣。

控制电路连接

本电路（图7-28）包含的电子元器件有：SR04 超声波测距模块（1块），1602 液晶显示模块（1块），可调电阻（10kΩ，1个），无源蜂鸣器（1个），杜邦线（两端都是插头，若干根），Arduino UNO 控制板（1块）。

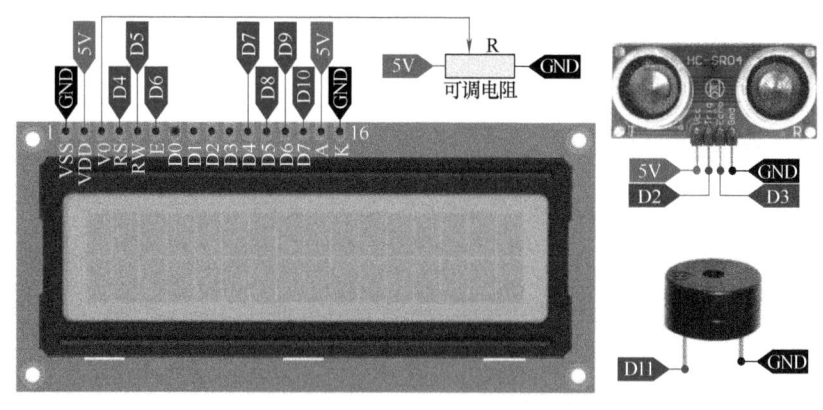

图 7-28　泊车辅助系统电路连接示意图

为了让电路布局更清晰，先将跳线插入面包板，如图 7-29 所示。

然后将其他元器件插入面包板，连接完成后的电路效果如图 7-30 所示。

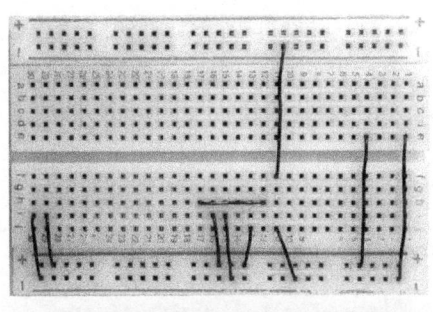

图 7-29　跳线插入面包板后的布局

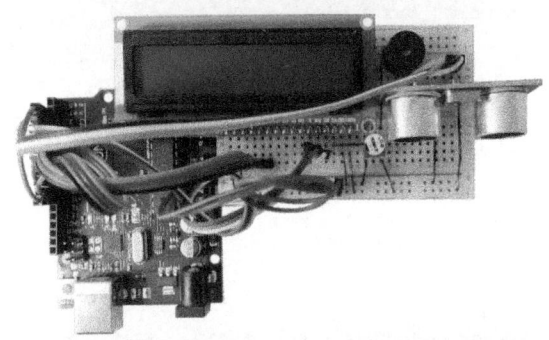

图 7-30　泊车辅助系统电路连接效果

☆ **控制程序上传**

按照任务要求的描述，先完成控制程序流程图设计，如图 7-31 所示。

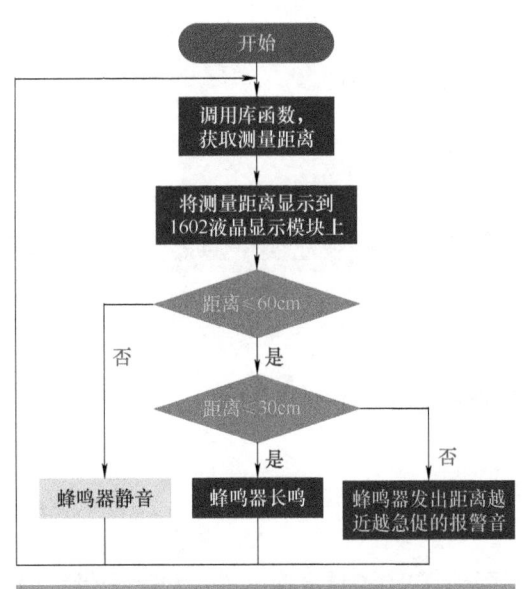

图 7-31　泊车辅助系统控制程序流程图

按照程序流程图编写的完整示例代码如图 7-32 所示。

```
sketch_606
 1 #include <SR04.h>
 2 #include <LiquidCrystal.h>
 3 long distance;
 4 int val;
 5 const int trigPin = 2,echoPin = 3,buzzerPin = 11;
 6 const int rs = 4, en = 6, d4 = 7, d5 = 8, d6 = 9, d7 = 10;
 7 SR04 AAA = SR04(echoPin,trigPin);
 8 LiquidCrystal BBB(rs, en, d4, d5, d6, d7);
 9
10 void setup() {
11   pinMode(5,OUTPUT);
12   digitalWrite(5,LOW);
13   BBB.begin(16, 2);
14   pinMode(11,OUTPUT);
15 }
16
17 void loop() {
18   distance = AAA.Distance();
19   BBB.setCursor(0, 0);
20   BBB.print("distance:");
21   BBB.print(distance);
22   BBB.print("cm");
23   if (distance <= 60){
24     if (distance <= 30){
25       buzzerY();
26     }
27     else{
28       val = (distance - 30)*20;
29       buzzerX(val);
30     }
31   }
32   else{
33     noTone(buzzerPin);
34   }
35 }
36
37 void buzzerX(int delayTime) {
38   tone(buzzerPin,2000);
39   delay(200);
40   notone(buzzerPin);
41   delay(delayTime);//数值越小，声音越急促
42 }
43
44 void buzzerY() {
45   tone(buzzerPin,2000);
46 }
```

图 7-32　泊车辅助系统控制程序

运行效果查看

请使用手机扫描二维码查看运行效果。

控制程序解析

1. 程序整体架构分析

第 1~8 行代码是声明部分，包含了导入库文件、设定变量、创建库文件应用对象等；第 10~15 行是初始化部分，包含了端子模式设定、应用对象类型设定等；第 17~35 行是循环运行部分，循环执行距离检测、距离显示、距离判断并调用相应的报警音子函数等任务；

第 37～42 行定义了 buzzerX 子函数，可以根据传递参数调节声音节奏；第 44～46 行定义了 buzzerY 子函数，实现蜂鸣器长鸣。

2. 声明部分相关语句解析

第 1～2 行代码，分别导入"SR04"和"LiquidCrystal"两个库文件；第 3～4 行，分别定义了用于储存测量距离的变量"distance"和储存蜂鸣器间歇时长的变量"val"；第 5～6 行，使用常量赋值的方式设定了 Arduino UNO 控制板的端子 2 和 3 分别连接超声波测距模块的 Trig 和 Echo 端子，端子 11 连接蜂鸣器的正极，端子 4 和 6 分别连接液晶显示模块的 RS 和 E 端子，端子 7～10 则分别连接液晶显示模块的 D4～D7 端子；第 7～8 行代码，分别创建了超声波测距模块的对象 AAA 和液晶显示模块的对象 BBB。

3. 初始化部分相关语句解析

第 11～12 行代码，将与液晶显示模块 RW 端子相连的端子 5 设置为输出模式并设置电平为低电位，允许给液晶显示模块写入显示内容；第 13 行代码，设置液晶显示模块的类型为 2 行 16 列；第 14 行代码，将与无源蜂鸣器相连的端子 11 设置为输出模式。

4. 循环运行部分相关语句解析

第 18 行代码，将测量距离赋值给变量 distance；第 19 行代码，将液晶显示模块光标设置到第 0 行第 0 列；第 20～22 行代码，设置液晶显示模块的显示内容；第 23 行代码，设置了一个条件判断，当距离不大于 60cm 时执行第 24～31 行代码，当距离大于 60cm 时执行第 32～34 行代码；第 24 行也设置了一个判断条件，当距离不大于 30cm 时调用子函数 buzzerY，当距离大于 30cm 时调用子函数 buzzerX。

5. 子函数相关语句解析

第 37～42 行代码，buzzerX 子函数通过改变 notone 函数的延时实现报警音急促程度的调节，而延时时长通过传递参数 delayTime 送入；第 37～42 行的 buzzerY 子函数实现报警音长鸣，不需要停歇，所以也不需要传递参数。

6. 传递参数的确定

本示例中传递参数并不是一个常量，而是随测量结果 distance 变化而变化，如第 28 行代码。首先设定子函数 buzzerX 中的 delayTime 的变化范围为 0～600，当 distance = 30 时，该值取 0；当 distance = 60 时，该值取 600。根据这个变化规律推算出目标值与 distance 的关系是：目标值 =（distance −30）×20，将这个目标值赋值给中间变量 val，并在调用子函数 buzzerX 时将其设置为传递参数，如第 28～29 行代码所示。

车载空调智能通风系统的设计

汽车车厢是一个相对较为封闭的空间，所以汽车长时间行驶过程中必须引入车外新鲜的空气，并将车内潮湿浑浊的空气排出车外，一般称之为外循环。但车外空气有严重异味时，可以短时间封闭车外空气进入车内，成为内循环。内循环和外循环的切换一般通过改变翻板位置实现。此外，温度调节风门则通过改变冷、暖风道的进气量精准控制吹向车内的空气温度，而整个通风管道内风速的控制主要依靠鼓风机转速调节来实现。

本项目综合案例简化了车载空调通风系统的一些功能，使用一些容易获取的传感器和执行器模拟实现车载空调通风系统的控制原理和方法。

8.1 DHT11 温湿度传感模块的使用

可以实现温度测量的电子元器件有很多，如 DS18B20 芯片、TMP36 芯片、LM335A 芯片以及普通热敏电阻等。本节采用的是集成温度和湿度检测功能的 DHT11 模块，其内部集成了温度传感器、湿度传感器及信号处理集成芯片。

DHT11 模块有 4 个连接端子：1 个连接端子悬空，1 个连接电源正极，1 个接地，还有 1 个端子是信号输出端子。实际使用时一般将信号输出端子与电源正极端子直接连接 1 个 $10k\Omega$ 的电阻，并在电源正极端子和接地之间连接一个 $0.1\mu F$ 的电容，如图 8-1 所示。

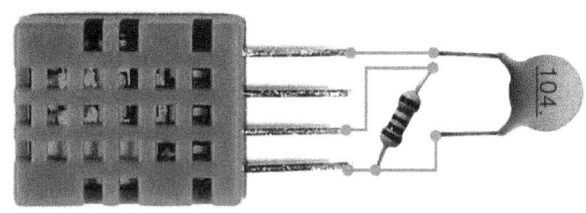

图 8-1　DHT11 与电容电阻的连接方式

【任务 8.1】温度和湿度信息的获取

任务要求描述

编写代码控制 DHT11 温湿度传感模块获取温度和湿度信息。

控制电路连接

本电路（图8-2）包含的电子元器件有：DHT11温湿度传感模块（1块），杜邦线（一端是插头，一端是插座，3根），Arduino UNO 控制板（1块）。

市面上购买的 DHT11 模块通常已经包含了连接电阻、电容的电路，可以直接连接 Arduino UNO 控制板，如图8-2所示。

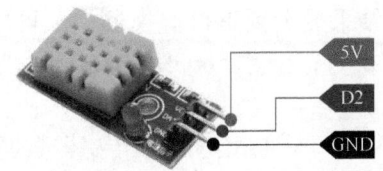

图 8-2　DHT11 模块的控制电路连接示意图

控制程序上传

下载并安装好 dht11 库，然后根据库函数自带的示例程序改写得到 DHT11 的控制程序，如图8-3所示。

```
sketch_001
1 #include <dht11.h>
2 #define Dht11_Pin 2
3 dht11 sensor_Dht11;
4 int hum,tem;
5
6 void setup() {
7   Serial.begin(9600);
8 }
9
10 void loop() {
11   sensor_Dht11.read(Dht11_Pin);
12
13   hum = float(sensor_Dht11.humidity),0;
14   tem = float(sensor_Dht11.temperature),0;
15
16   Serial.print("湿度:");
17   Serial.print(hum);
18   Serial.println("%");
19   Serial.print("温度:");
20   Serial.println(tem);
21   delay(1000);
22 }
```

图 8-3　温湿度信息获取控制程序

运行效果查看

请使用手机扫描二维码查看运行效果。

控制程序解析

1. 删除数据校验部分

与库函数自带的示例程序不同，本示例程序为求简洁，删除了数据校验部分。数据校验主要是为了防止在传感器长时间工作过程中，部分数据在传输过程中出现错漏。

2. 声明传感器对象

与超声波测距模块类似，第 3 行代码，创建了一个类型为"dht11"的对象"sensor_Dht11"。然后再通过第 11 行代码，设定这个对象是通过"Dht11_Pin"端子进行数据读取的。

3. 结果的获取与显示

本示例程序通过第 13、14 行代码将从传感器获取的温度信息取整后赋值给整型变量"tem"，湿度信息取整后赋值给整型变量"hum"。

第 16~20 行代码，将测量结果显示到串口监视器中。再次强调：函数 Serial. print 是将字符输出到串口监视器后，不换行；函数 Serial. println 则是将字符输出到串口监视器后，换行。

第 21 行代码，设定延时，实现每隔 1s 读取一次传感器数据。

8.2 舵机的控制

本书所指的舵机属于一种伺服电动机。汽车发动机的电子节气门、空调通风系统中的风门翻板都使用了舵机作为驱动装置，如图 8-4 所示。

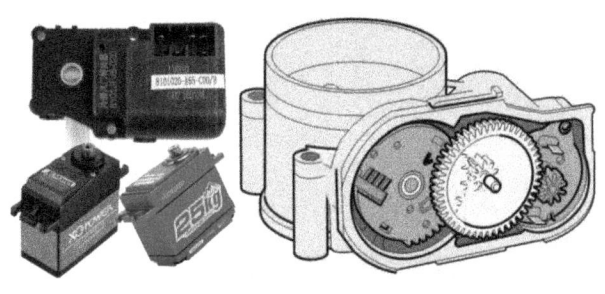

图 8-4 各类舵机的外观

舵机主要由驱动电动机、减速器、位置检测元件及控制电路板等组成（图 8-5），它能够根据控制板发出的指令旋转相应的角度。

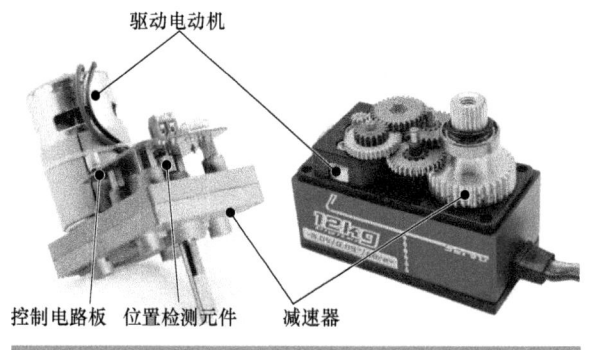

图 8-5 舵机的结构组成

舵机一般包含 3 根接线端子，两根是电源线，另外一根则是信号线，信号线用于传输脉

冲控制信号。舵机转角是由脉冲控制信号中高电平的持续时间决定的。舵机的控制一般需要一个 20ms 左右的时基脉冲，该脉冲的高电平部分一般为 0.5~2.5ms，如图 8-6 所示。脉冲的宽度将决定驱动电动机转动的角度，例如 1.5ms 的脉冲，电动机将转向 90°（对于 180°舵机来说，中立位置就是 90°位置）；如果脉冲宽度小于 1.5ms，那么舵机轴向朝向 0°方向；如果脉冲宽度大于 1.5ms，舵机轴向就朝向 180°方向。

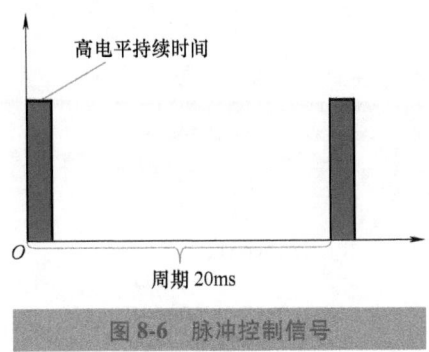

图 8-6　脉冲控制信号

【任务 8.2】 控制舵机转动相应角度

任务要求描述

编写代码控制舵机按照串口输入指令转动相应角度。

控制电路连接

本电路包含的电子元器件有：SG90 微型舵机（1 个），杜邦线（两端都是插头，3 根），Arduino UNO 控制板（1 块）。

舵机的 3 根接线端子，通常橙色线连接电源正极；棕色线连接电源负极；黄色线是信号线，可以连接控制板带 PWM 信号输出功能的端子，控制电路连接示意图如图 8-7 所示。

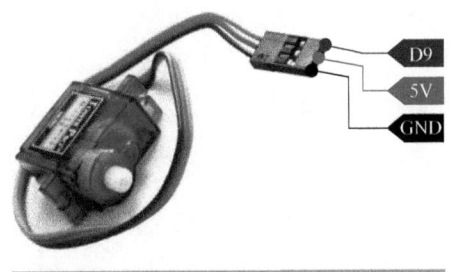

图 8-7　舵机控制电路连接示意图

控制程序上传

本示例使用串口监视器发送舵机的目标角度值给 Arduino UNO 控制板，并控制微型舵机 SG90 转动到目标角度。控制程序如图 8-8 所示。

sketch_802

```
1  #include <Servo.h>
2
3  Servo myservo;
4  boolean putInOver = false;
5  String inPutString = "";
6  int val = 0;
7
8  void setup() {
9    myservo.attach(9);
10    Serial.begin(9600);
11  }
12
13  void loop() {
14    if(putInOver){
15      myservo.write(val);
16      putInOver = false;
17      inPutString = "";
18    }
19  }
20
21  void serialEvent(){
22    while(Serial.available()){
23      char inPut = Serial.read();
24      if(isDigit(inPut)){
25        inPutString += inPut;
26      }
27      else if(inPut == '\n'){
28        val = inPutString.toInt();
29        putInOver = true;
30      }
31    }
32  }
```

图 8-8 舵机转动相应角度控制程序

运行效果查看

请使用手机扫描二维码查看运行效果。

控制程序解析

1. 舵机库的导入与使用

第 1 行代码，导入舵机库文件（Arduino IDE 自带，无须另行添加）。第 3 行代码，创建本示例使用的舵机对象，名称为"myservo"。第 9 行代码，声明对象 myservo 的信号线连接到了 Arduino UNO 控制板的端子 9。第 15 行代码，通过写入角度值控制舵机旋转到指定位置。

2. 舵机库文件参数的调校

程序上传后，如果测试发现实际舵机旋转角度与目标设定有误差，可以修改库文件中的

相关参数进行调校。

从 Arduino IDE 安装文件夹中找到 "libraries"→"Servo"→"src"，然后用 "记事本" 方式打开文件 "Servo.h"，如图 8-9 所示。

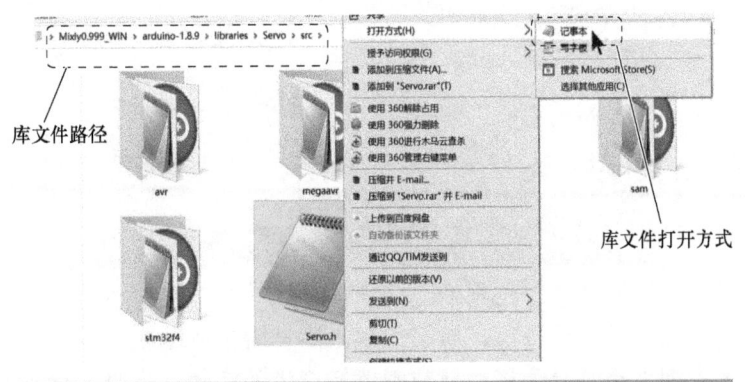

图 8-9　打开库文件

在打开的 "Servo.h" 文件中找到图 8-10 所示的 3 行语句，其中 "MIN_PULSE_WIDTH" 一般赋值为 500（单位是 μs），如果此时舵机在 0°时会抖动，则轻微调整该数值，直至舵机稳定不抖动；"MAX_PULSE_WIDTH" 一般赋值为 2500，如果此时舵机在 180°但实际位置小于 180°，则需要增加该数值（比如增至 2550），如果还没有到位则继续调整，直到实际位置刚好到达 180°且不会抖动；"DEFAULT_PULSE_WIDTH" 可以赋值为 0°~180°之间任意度数对应的脉冲宽度，比如赋值为 1500 可以使得舵机默认初始位置是 90°，赋值为 500 可以使得舵机默认初始位置是 0°（在 0°时脉冲宽度对应 500，180°时脉冲宽度对应 2500 的前提下）。

#define MIN_PULSE_WIDTH　　　　500 —— 设定最小脉冲宽度，即舵机最小角度

#define MAX_PULSE_WIDTH　　　　2500 —— 设定最大脉冲宽度，即舵机最大角度

#define DEFAULT_PULSE_WIDTH　500 —— 设定默认脉冲宽度，即舵机初始角度

图 8-10　修改库文件中部分参数

3. 串口事件的使用

本示例代码第 21~32 行是关于串口事件的设定，这部分指令与项目 6 "串行通信的实现" 对应示例中的串口事件设定一致。

8.3　直流有刷电动机的控制

直流有刷电动机主要由定子、转子、换向器等部件组成。如图 8-11a 所示，N 极下导体电流由 A 流向 B，S 极上导体电流由 C 流向 D，根据左手定则可知，导体的受力方向均为逆时针方向，从而使得电动机逆时针方向连续转动。

整个电枢绕组即转子将沿逆时针方向旋转，输入的直流电能就转换成转子轴上输出的机械能。

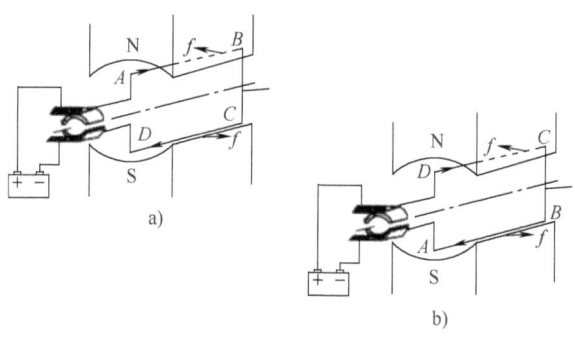

图 8-11　直流有刷电动机的工作原理

　　直流有刷电动机的好处是速度控制的实现比较简单，只需控制其两端电压大小即可。但此类电动机不宜在高温、易燃易爆等环境下使用，而且由于电动机使用了电刷作为电流变换的部件，所以需要定期更换或清理接触部位摩擦所产生的污物。常见的微型直流有刷电动机如图 8-12 所示。

　　L298P 电动机驱动板（图 8-13）包含了一个 L298P 电动机驱动芯片，可以控制两路直流有刷电动机的旋转方向和速度。L298P 电动机驱动板属于 Arduino 堆叠插接的扩展板，可以直接插接到 Arduino UNO 控制板的汇流排上。

图 8-12　常见的微型直流有刷电动机

图 8-13　L298P 电动机驱动板外观

　　L298P 电动机驱动板占用 Arduino UNO 控制板的 D4~D7 共 4 个端子，用于控制两路电动机的转向与转速。其余数字端子和模拟端子可以连接其他外接设备使用。

【任务 8.3】直流有刷电动机的转速控制

任务要求描述

利用一个可调电阻对直流有刷电动机进行转速控制。

控制电路连接

本电路包含的电子元器件有：L298P 电动机驱动板（1 块），直流有刷电动机驱动的鼓风机（0.38A，1 个），12V 直流电源（放电电流 1A 以上，1 块），Arduino UNO 控制板（1 块）。

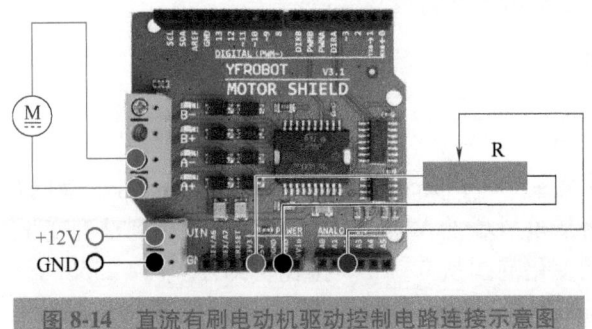

图 8-14　直流有刷电动机驱动控制电路连接示意图

先将 L298P 电动机驱动板插接 Arduino UNO 控制板，然后将鼓风机连接到 L298P 电动机驱动板相应端子，连接后的电路效果如图 8-15 所示。

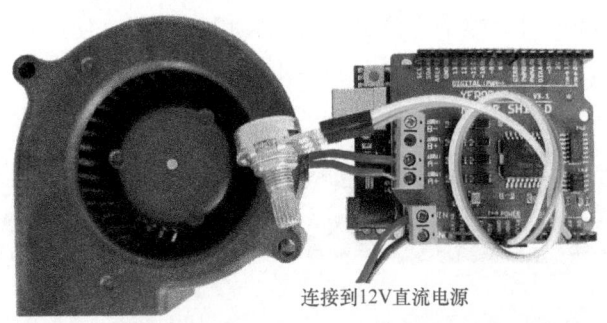

连接到12V直流电源

图 8-15　直流有刷电动机驱动控制电路连接效果

☆ 控制程序上传

通过查阅 L298P 电动机驱动板的资料可知：端子 D4 输出高/低电位可以切换电动机 A 的旋转方向，端子 D5 输出 PWM 信号用于控制电动机 A 的转速。完整的控制程序如图 8-16 所示。

```
sketch_803

1  #define motorSpeedPin 5
2  #define motorDirectionPin 4
3  int val = 0, tem = 0;
4
5  void setup() {
6    pinMode(M1, OUTPUT);
7  }
8
9  void loop() {
10   tem = analogRead(A2);
11   val = map(tem,0,1023,0,255);
12   digitalWrite(motorDirectionPin,HIGH);
13   analogWrite(motorSpeedPin, val);
14  }
```

图 8-16　直流有刷电动机转速控制程序

133

运行效果查看

请使用手机扫描二维码查看运行效果。

控制程序解析

1. 电动机转速的控制

第 1 行代码，声明变量 motorSpeedPin 对应 Arduino UNO 控制板的端子 4（带 PWM 输出功能）；第 10 行代码，将从模拟端子 A2 读取的模拟信号存储到整型变量 tem 中；第 11 行代码，使用 map 函数将 tem 的变化范围从 0~1023 按比例缩小到 0~255，并将结果赋值给变量 val；第 13 行代码，使用 analogWrite 函数将 PWM 值"val"从 motorSpeedPin 对应端子（端子 D10）输出。

2. 电动机旋转方向的控制

第 2 行代码，声明变量 motorDirectionPin 对应 Arduino UNO 控制板的端子 12；第 6 行代码，设置 motorDirectionPin 对应端子为输出模式；第 12 行代码，使用 digitalWrite 函数设置 motorDirectionPin 对应端子为高电位，实现限定电动机旋转方向的目的，若设置为低电位，电动机则将反转。

8.4　红外遥控的实现

【任务 8.4】红外信号的接收

生活中常用的电视、空调等电器的遥控器基本都采用了红外线（Infrared Ray）通信方式，这是因为红外通信具有抗电磁干扰性能好、设备结构简单及价格低廉等优点。

红外通信是利用波长为 950nm 近红外波段的红外线作为传递信息的通信信道。发送端将基带二进制信号调制为一系列的脉冲串信号，通过红外发射管发射红外信号。接收端将接收到的光脉冲转换成电信号，再经过放大、滤波等处理后送给解调电路进行解调，还原为二进制数字信号后输出。

任务要求描述

编写代码将红外接收模块接收到的指令信息显示到串口监视器。

控制电路连接

本电路（图 8-17）包含的电子元器件有：红外接收传感器（1 个），面包板（1 块），杜邦线（两端都是插头，3 根），Arduino UNO 控制板（1 块）。

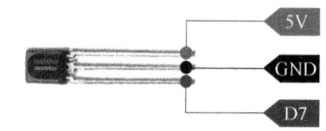

图 8-17　红外接收模块电路连接示意图

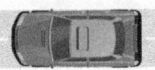

☆ **控制程序上传**

下载并安装好库文件"IRremote"，然后根据库文件自带示例"IRrecvDemo"改写得到本控制程序，如图 8-18 所示。

```
sketch_804
1 #include <IRremote.h>
2 #define receivePin 7
3 IRrecv sensorIR(receivePin);
4 decode_results results;
5
6 void setup(){
7   Serial.begin(9600);
8   sensorIR.enableIRIn();
9 }
10
11 void loop(){
12   if (sensorIR.decode(&results)) {
13     Serial.println(results.value, HEX);
14     sensorIR.resume();
15   }
16   delay(100);
17 }
```

图 8-18　红外信号接收控制程序

运行效果查看

找一个红外遥控发射器，如图 8-19 所示（如果是全新的遥控器，需要将其尾部透明塑料的电池隔片拔除后才能正常使用）。按下某个按键，然后观察串口监视器中读取到的数值。当然也可以使用家用电视、空调的红外遥控器代替。

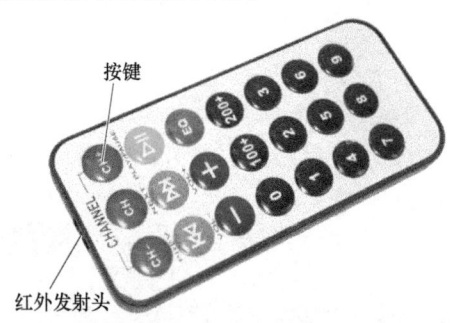

按键

红外发射头

图 8-19　红外遥控发射器外观

打开串口监视器，观察按下按键（如"CH"）后串口监视器中显示的字符，如图 8-20 所示。

图 8-20　串口监视器显示的字符

请使用手机扫描二维码查看运行效果。

控制程序解析

1. IRremote 库的导入与使用

第 1 行代码，导入 IRremote 库；第 2 行代码，声明了与 Arduino UNO 控制板的数字端子 7 连接的端子名称是 "receivePin"；第 3 行代码，创建了名称为 "sensorIR" 的红外信号接收模块对象，并设定该对象的信号端子名称是第 2 行代码中声明的 "receivePin"；第 4 行代码，创建了一个与库文件中的函数 "decode_results" 映射的对象 "results"。

第 8 行代码，启动模块的红外信号接收功能。第 12 行代码，判断是否接收到红外信号；如果接收到红外信号，则将其转换成十六进制表示形式并打印到串口监视器中，如第 13 行代码；第 14 行代码，表示将继续接收下一个红外信号。

2. 限定了输出进制形式的串口打印函数

第 13 行代码，在串口打印函数中使用了 "HEX"，即可以将数据转换成十六进制后进行输出。此外还可以使用 "BIN" 将数据转换成二进制后进行输出；使用 "OCT" 将数据转换成八进制后进行输出；使用 "DEC" 将数据转换成十进制后进行输出。

3. 长按某个按键时，串口监视器会出现 "FFFFFFFF"

这是因为程序使用了 NEC 协议的红外编码方式，所以按住某个按键不放时，会重复发送编码 "FFFFFFFF"。若是使用其他协议的遥控器，则会重复发送该按键对应编码或其他形式的编码。

【任务 8.5】红外遥控的实现

任务要求描述

编写代码，使得 Arduino UNO 控制板能根据红外接收模块接收到的指令信息实现发光二极管的亮灭控制。

控制电路连接

本任务继续使用图 8-17 所示的红外接收模块电路连接方式。

控制程序上传

已经从任务 8.4 中获取到红外遥控器某个按键对应编码的十六进制表达（如遥控器 "CH" 按键对应的十六进制编码为 "FF629D"）。本任务则通过判断红外模块接收的编码值，切换板载 "L" 灯的亮灭状态。完整的控制程序如图 8-21 所示。

```
sketch_805
1  #include <IRremote.h>
2  #define receivePin 7
3  #define ledPin 13
4  IRrecv sensorIR(receivePin);
5  decode_results results;
6
7  void setup(){
8    sensorIR.enableIRIn();
9    pinMode(ledPin,OUTPUT);
10 }
11
12 void loop() {
13   if (sensorIR.decode(&results)) {
14     if(results.value == 0xFF629D){
15       digitalWrite(ledPin,!digitalRead(ledPin));
16     }
17     sensorIR.resume();
18   }
19   delay(100);
20 }
```

图 8-21　红外遥控实现发光二极管亮灭控制程序

运行效果查看

请使用手机扫描二维码查看运行效果。

控制程序解析

1. 十六进制数值的表达形式

第14行代码，使用"0x"作为数据"FF629D"的前缀，表示这个数据是一个十六进制数。如"0x64"表示这是一个十六进制数值64，转换成十进制则是100。

如果是一个八进制数，则需要在数字前面加"0"作为前缀；十进制数则不在数据前面加任何前缀。

2. 取反符号的妙用

第15行代码，使用函数"digitalRead（ledPin）"读取发光二极管当前状态，如果点亮，则返回数值"1"；如果熄灭，则返回数值"0"。在函数前增加一个取反符号"!"则可以将返回值取反，然后通过digitalWrite函数改变发光二极管亮灭状态，实现发光二极管亮灭状态的切换。

8.5　车载空调智能通风系统的实现

前面分别介绍了温湿度传感模块、舵机、直流电动机以及红外遥控的控制方法，本节则将这些模块组合到一起，编写程序让Arduino UNO板控制它们协同工作，实现车载空调智能通风系统相应的功能。

本节使用舵机A模拟内外循环风门电动机，舵机A角度为0°时为完全内循环模式，舵机A角度为90°时为完全外循环模式，舵机A角度位于0°~90°中间位置时为内外循环混合模式。

舵机B模拟温度调节风门电动机，舵机B角度为0°时表示完全处于冷气供应模式，舵机B角度为90°时表示完全处于暖气供应模式，舵机B角度位于0°~90°中间位置时表示处于冷暖气混合供应模式。

鼓风机风扇转速越高，风量越大。

【任务8.6】实现车载空调智能通风系统功能

任务要求描述

Arduino UNO控制板分别与DHT11温湿度传感模块、L298P电动机驱动板（其上连接2个舵机和1个鼓风机电动机）以及红外接收模块相连接。编写控制程序，实现以下功能（为了方便展示效果，本任务的温湿度控制与实车情况不一定相符）：

1）湿度超过40%时开始打开内外循环风门，湿度越高，舵机A打开角度越大，湿度为80%时舵机A转动到90°。

2）温度为20℃时舵机B位于0°，温度越高，舵机B打开角度越大，温度为50℃时舵机

B 位于 90°。

3）鼓风机转速受红外遥控器控制，按键数字 1 表示低速，数字 2 表示中速，数字 3 表示高速，数字 0 表示停止旋转。

控制电路连接

本电路（图 8-22）包含的电子元器件有：DHT11 温湿度传感模块（1 块），SG90 微型舵机（2 个），L298P 电动机驱动板（1 块），直流有刷电动机驱动的鼓风机（0.38A，1 个），红外接收传感器（1 个），杜邦线（两端都是插头，若干根），Arduino UNO 控制板（1 块）。为了演示系统效果，另外需要准备 1 个红外遥控器。

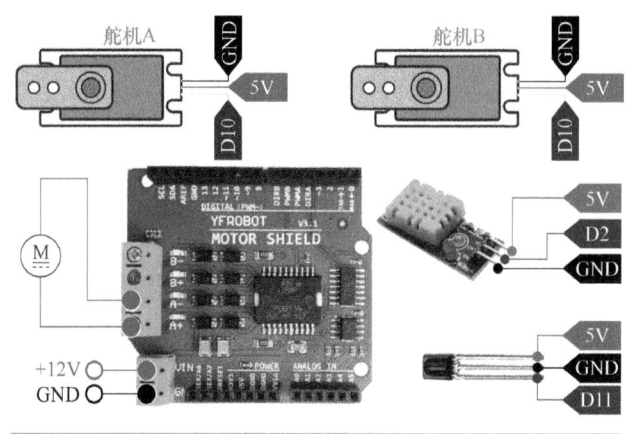

图 8-22　车载空调智能通风系统电路连接示意图

连接完成后的电路效果如图 8-23 所示。

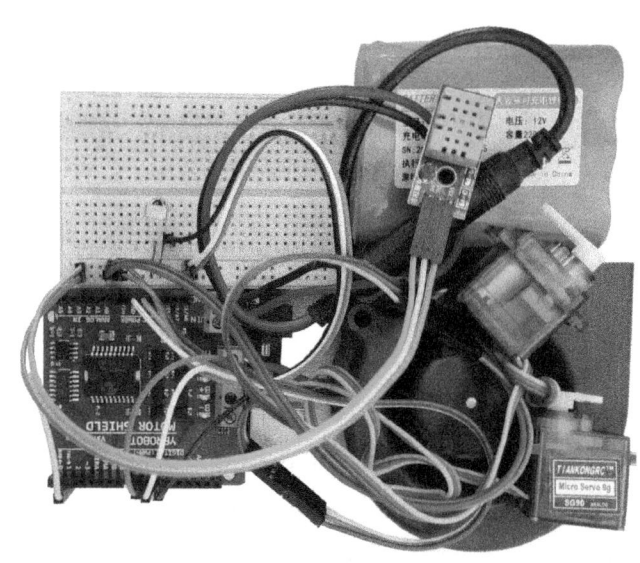

图 8-23　车载空调智能通风系统电路连接效果图

☆ 控制程序上传

按照任务要求的描述，先完成控制程序流程图设计，如图 8-24 所示。

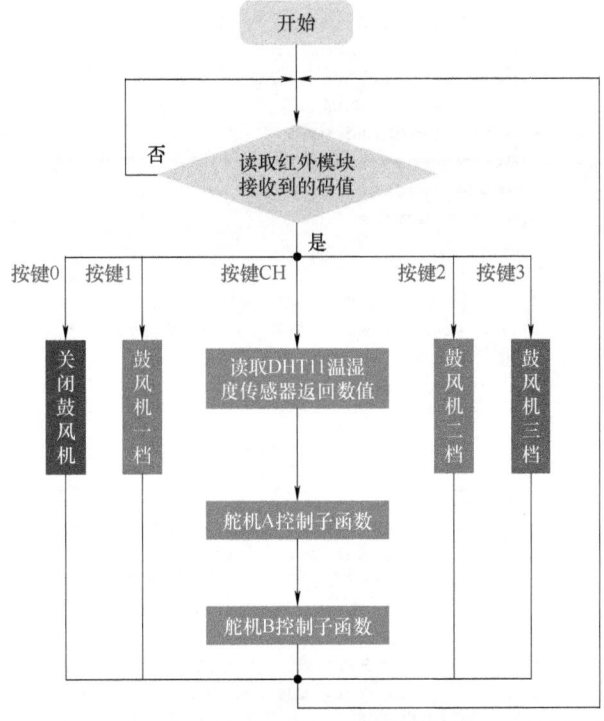

图 8-24　车载空调智能通风系统控制程序流程图

其中两个舵机的控制子程序分别如图 8-25 和图 8-26 所示。

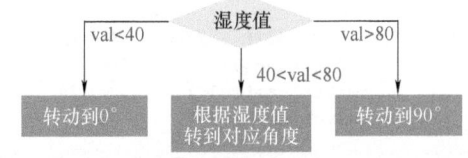

图 8-25　车载空调智能通风系统舵机 A 控制程序流程图

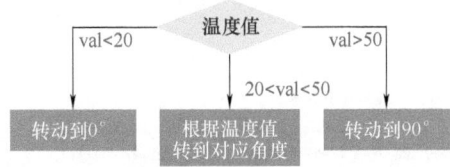

图 8-26　车载空调智能通风系统舵机 B 控制程序流程图

按照程序流程图编写的完整示例代码如图 8-27 所示。

```
sketch_806
 1 #include <dht11.h>
 2 #include <Servo.h>
 3 #include <IRremote.h>
 4 #define Dht11_Pin 2
 5 #define IR_Pin 11
 6 #define motorSpeedPin 5
 7 #define motorDirectionPin 4
 8 dht11 sensor_Dht11;
 9 Servo servoA,servoB;
10 IRrecv sensorIR(IR_Pin);
11 decode_results results;
12 int tem,hum;
13
14 void setup() {
15   pinMode(motorDirectionPin,OUTPUT);
16   digitalWrite(motorDirectionPin,HIGH);
17   servoA.attach(9);
18   servoB.attach(10);
19   sensorIR.enableIRIn();
20 }
21
22 void loop() {
23   if (sensorIR.decode(&results)) {
24     switch(results.value){
25       case 0xFF6897:   //按键0对应值
26         analogWrite(motorSpeedPin,0);
27         break;
28       case 0xFF30CF:   //按键1对应值
29         analogWrite(motorSpeedPin,80);
30         break;
31       case 0xFF18E7:   //按键2对应值
32         analogWrite(motorSpeedPin,180);
33         break;
34       case 0xFF7A85:   //按键3对应值
35         analogWrite(motorSpeedPin,255);
36         break;
37       case 0xFF629D:   //按键CH对应值
38         sensorRead();
39         servoA_control();
40         servoB_control();
41         break;
42       default:
43         break;
44     }
45     sensorIR.resume();
46   }
47 }
48
49 void sensorRead(){
50   sensor_Dht11.read(Dht11_Pin);
51   hum = float(sensor_Dht11.humidity),0;
52   tem = float(sensor_Dht11.temperature),0
53 }
```

图8-27　车载空调智能通风系统控制程序

```
54
55 void servoA_control(){
56   if(hum > 80){
57     servoA.write(90);
58   }
59   else if(hum<40){
60     servoA.write(0);
61   }
62   else{
63     int val = map(hum,40,80,0,90);
64     servoA.write(val);
65   }
66 }
67
68 void servoB_control(){
69   if(tem > 50){
70     servoB.write(90);
71   }
72   else if(tem < 20){
73     servoB.write(0);
74   }
75   else{
76     int val = map(tem,20,50,0,90);
77     servoB.write(val);
78   }
79 }
```

图 8-27 车载空调智能通风系统控制程序（续）

运行效果查看

请使用手机扫描二维码查看运行效果。

控制程序解析

1. 程序整体架构分析

第 1~12 行代码是控制程序的声明部分；第 14~20 行代码是控制程序初始化设置部分；第 22~47 行代码是控制程序循环执行的主程序部分；第 49~53 行代码是读取温湿度信号子函数；第 55~66 行代码是舵机 A 控制子函数；第 68~79 行代码是舵机 B 控制子函数。

2. 声明部分语句解析

第 1~3 行代码，分别导入温湿度传感模块 dht11、舵机 Servo 和红外遥控 IRremote 三个库文件。第 4~7 行，使用常量赋值的方式设定了 Arduino UNO 控制板的端子 2 连接温湿度传感模块的 DATA 端子；端子 11 连接红外接收模块的信号端子；端子 5 连接 L298P 电动机驱动板电动机速度控制端子；端子 4 连接电动机旋转方向控制端子。第 8~11 行代码，创建了温湿度传感模块的对象名称为"sensor_Dht11"；创建了两个舵机对象，名称分别是"servoA"和"servoB"；创建了红外接收模块的对象名称为"sensorIR"，且设定其信号端子为"IR_Pin"对应的端子；创建了一个与库文件中函数"decode_results"映射的对象"results"。第 12 行代码，创建了整型变量"tem"，用于存储读取到的温度数据，创建了整型变量"hum"，用于存储读取到的湿度数据。

3. 初始化设置部分语句解析

第 15 行代码，设定电动机方向控制端子为输出模式（使用 digitalWrite 函数之前一定要把对应端子先设置为输出模式，但使用 analogWrite 函数则不需要另外设置端子为输出模式）；因为鼓风机在本任务中一直不需要更改旋转方向，所以在第 16 行代码中，通过改变该端子的电位状态，完成鼓风机电动机旋转方向的初始化设置；第 17~18 行代码，设置了舵机 A 对应控制端子连接 Arduino UNO 控制板的端子 9；舵机 B 连接端子 10；第 19 行代码，启动红外接收模块的信号接收功能。

4. 主程序部分语句解析

第 23 行代码，用于判断是否接收到红外遥控信号；如果接收到红外遥控信号，进入第 24~44 行的 switch 多分支选择语句块；第 45 行代码则表示将继续接收下一个红外信号。

switch 语句块中，分为 5 种情况进行判断，分别如第 25、28、31、34 以及 37 行代码所示；每种情况对应执行鼓风机电动机停止旋转、鼓风机低速旋转、鼓风机中速旋转、鼓风机高速旋转以及根据温湿度传感器信号控制舵机旋转方向（调用了 sensorRead、servoA_control 和 servoB_control 3 个子函数）相关指令；为了防止其他信号对控制造成不必要干扰，增加了第 42 和 43 行代码，表示遇到其他情况时，不执行任何指令直接跳出本轮 switch 循环。

5. 3 个子函数部分语句解析

第 50~52 行代码，读取 DHT11 温湿度传感模块数据，并将其取整后分别赋值给变量 hum 和 tem。第 56~65 行代码，根据湿度数据控制舵机 A 的旋转角度，当湿度大于 80% 时，舵机旋转到最大值 90°；当湿度小于 40% 时，舵机旋转到最小值 0°；湿度处于 40%~80% 之间数值时，舵机 A 将旋转到 map 函数输出的角度值。第 69~78 行代码，根据温度数据控制舵机 B 的旋转角度，当温度大于 50℃时，舵机 B 旋转到最大值 90°；当温度小于 20℃时，舵机 B 旋转到最小值 0°；温度处于 20~50℃之间数值时，舵机 B 将旋转到 map 函数输出的角度值。

参 考 文 献

［1］谭浩强. C 程序设计［M］. 5 版. 北京：清华大学出版社，2017.

［2］Simon Monk. Arduino 编程从零开始［M］. 刘椿楠，译. 北京：科学出版社，2013.

［3］孙骏荣，吴明展，卢聪勇. Arduino 一试就上手［M］. 北京：科学出版社，2013.

［4］黄焕林，丁昊. 从零开始学 Arduino 电子设计［M］. 北京：机械工业出版社，2018.

［5］Brian Evans. Arduino 编程从基础到实践［M］. 杨继志，郭敬，译. 北京：电子工业出版社，2015.

［6］Massimo Banzi，Michael Shiloh. 爱上 Arduino［M］. 程晨，译. 3 版. 北京：人民邮电出版社，2016.

［7］Michael Margolis. Arduino 权威指南［M］. 杨昆云，译. 2 版. 北京：人民邮电出版社，2015.

［8］陈吕洲. Arduino 程序设计基础［M］. 2 版. 北京：北京航空航天大学出版社，2015.

［9］程晨. 米思齐实战手册：Arduino 图形化编程指南［M］. 北京：人民邮电出版社，2016.

［10］Rick Anderson，Dan Cervo. 深入理解 Arduino：移植和高级开发［M］. 程晨，译. 北京：机械工业出版社，2016.

［11］陈纪钦，孙大许，谢智阳. 基于瓶装水自动供给装置的设计［J］. 韶关学院学报，2017，38（06）：40-44.

［12］熊慧，邱博文，刘近贞. 开源平台 Arduino 硬件生态扩充研究［J］. 实验室研究与探索，2019，38（06）：103-106.

［13］李明娟. 基于 Arduino 单片机的汽车并线辅助系统设计［J］. 实验室研究与探索，2017，36（12）：133-135+142.